丘陵山区
水稻机械化生产技术

李艳大 等 著

中国农业出版社
北 京

著 者 名 单

李艳大　陈立才　王康军　舒时富
曹中盛　孙滨峰　黄俊宝

FOREWORD
前 言

　　我国丘陵山区的光、热、水资源丰富，自然条件优越，农业生产潜力大，丘陵山区约占国土面积的 2/3，粮食产量约占全国总产量的 1/3，在我国农业生产中具有举足轻重的地位。目前，我国农作物耕种收综合机械化率达 73%，而丘陵山区农作物耕种收综合机械化率仅为 54%，远低于全国水平。水稻是我国种植面积最大的粮食作物之一，发展丘陵山区水稻生产对于保障国家粮食安全与社会稳定具有重要作用。丘陵山区水稻主产区主要分布在江西、湖南、湖北、广西、云南、贵州、四川等省份。丘陵山区稻田面积小，不规则，坡陡弯多，基础设施和农业机械化发展相对落后，适用的水稻机械化生产技术短缺。随着我国经济快速发展和城镇化进程不断加快，丘陵山区适龄劳动力季节性短缺矛盾日益突出，劳动力成本迅速上升，用工难、请工贵的现象日益凸显，广大农民对水稻机械化生产技术的需求日趋迫切。

　　水稻机械化生产技术的研发与应用使得丘陵山区水稻生产由传统的以人工作业为主向着轻简化和机械化为主的方向转变。本书重点阐述了丘陵山区水稻机械化生产概况、全程机械化的关键技术与适用农机装备，适宜机械化品种筛选，大田水肥药管理技术，机械化生产模式以及机械化生产技术展望等，可用以指导丘陵山区广大农机化技术人员、水稻种植户等开展水稻机械化生产活动，为水稻机械化专业技术人员改进和研发适宜丘陵山区的水稻生产农机装备提供参考，同时为高等院校和农机企业提供培训教材，助推丘陵山区水稻机械化生产全程全面、高质高效发展。

本书作者团队 10 余年来以水稻为研究对象，重点围绕丘陵山区水稻生产全程机械化的关键农机装备与技术创新开发开展研究，获得了较为丰硕的技术成果，取得了显著的社会、经济和生态效益。编著本书的主要目的是介绍作者团队在该领域的工作积累与学术成果。本书的学术思想是将农机装备与配套农艺栽培技术模式应用于丘陵山区水稻生产全过程，基于丘陵山区水稻生产现状，研发耕、育、种、管、收环节关键农机装备及实用农艺技术模式，助力提升丘陵山区水稻生产的机械化水平和综合效益。

本书共 8 章。第 1 章丘陵山区水稻机械化生产概述，介绍了丘陵山区农业机械化发展现状、水稻机械化生产现状和存在的问题；第 2 章丘陵山区水稻机械化耕作技术，介绍了水稻秸秆还田起浆机总体结构与工作原理、关键部件设计、机具性能试验及机械化耕作技术；第 3 章丘陵山区水稻机械化种植品种筛选，介绍了适宜丘陵山区机械化种植的早稻、中稻和晚稻品种及其株型性状特征；第 4 章丘陵山区水稻机械化种植技术，介绍了 8 寸插秧机总体结构与工作原理、关键部件设计、机具性能试验、配套育秧盘与机插稻育秧营养基质及机械化育插秧技术；第5章丘陵山区水稻机械化生产大田管理技术，介绍了水稻机械化生产施肥管理技术、灌溉管理技术及无人机喷药技术；第6章丘陵山区水稻收获机械与机械化收获技术，介绍了轻简型全喂入履带式水稻联合收割机、履带式电动稻谷收集机、履带式太阳能稻谷收集机和轻简型水稻秸秆集捆机的总体结构与工作原理、关键部件设计、机具性能试验及机械化收获技术；第7章丘陵山区水稻机械化生产模式，介绍了丘陵山区早稻、中稻和晚稻机械化生产模式；第8章丘陵山区水稻机械化生产技术展望，介绍了丘陵山区水稻机械化生产的发展方向和对策。李艳大负责第7、8章的撰写，陈立才负责第6章的撰写，王康军负责第2章的撰写，舒时富负责第1章撰写，曹中盛负责第5章的撰写，孙滨峰负责第4章的撰写，黄俊宝负责第3章的撰写；最后由李艳大对全书进行了统稿。

　　本书内容丰富、层次分明、结构合理、理论联系实际、叙述深入浅出、图文并茂、通俗易懂，可作为从事水稻机械化生产、水稻丰产高效栽培及智慧农业研究与应用的教学、科研和管理人员及相关学科研究生的科技参考书。本书涉及的内容主要为作者团队承担的国家公益性行业（农业）科研专项课题、国家自然科学基金项目、国家重点研发计划子课题、江西省重点研发计划项目和江西省"双千计划"项目等取得的部分研究成果及过去10余年的工作积累和学术思考。这期间，作者联合培养的多位硕士研究生直接参与了部分研究工作，他们所完成的学位论文为本书提供了良好的基础素材。涉及基本理论、方法和重要研究进展的部分内容，作者还参考了国内外许多学者的相关文献资料。在本书的准备和写作过程中，江西省农业科学院农业工程研究所和相关企业的科技人员给予了大力支持和协助，在读研究生也参与了文档整理等工作。在此，一并表示衷心的感谢。

丘陵山区水稻机械化生产技术是农业机械化工程与作物栽培、农业信息等多学科交叉融合的研究领域，特别是随着现代智能农机装备技术的蓬勃兴起与快速发展，其理论和技术尚待进一步充实和完善。鉴于作者知识水平有限，加之水稻机械化生产技术的快速发展，书中内容和观点难免存在不足和缺陷，恳请广大读者提出宝贵意见和建议，并给予指正。

李艳大

2023 年 7 月 31 日

CONTENTS

目　录

前言

第1章　丘陵山区水稻机械化生产概述 ⋯⋯⋯⋯⋯⋯ 1

1.1　丘陵山区农业机械化发展概况 ⋯⋯⋯⋯⋯⋯ 1

1.2　丘陵山区水稻机械化生产概况 ⋯⋯⋯⋯⋯⋯ 2

1.3　丘陵山区水稻机械化生产存在的问题 ⋯⋯⋯ 3

　　1.3.1　机械化种植是短板 ⋯⋯⋯⋯⋯⋯⋯⋯ 3

　　1.3.2　适用可靠农机具少 ⋯⋯⋯⋯⋯⋯⋯⋯ 4

　　1.3.3　农田标准化程度低 ⋯⋯⋯⋯⋯⋯⋯⋯ 5

　　1.3.4　农机农艺融合创新不足 ⋯⋯⋯⋯⋯⋯ 6

　　1.3.5　农机化人才队伍不健全 ⋯⋯⋯⋯⋯⋯ 8

第2章　丘陵山区水稻机械化耕作技术 ⋯⋯⋯⋯⋯ 9

2.1　水稻秸秆还田起浆机 ⋯⋯⋯⋯⋯⋯⋯⋯⋯ 11

　　2.1.1　总体结构与工作原理 ⋯⋯⋯⋯⋯⋯⋯ 11

　　2.1.2　关键部件设计 ⋯⋯⋯⋯⋯⋯⋯⋯⋯⋯ 13

2.1.3　机具性能试验 ……………………… 16

2.2　水稻机械化耕作技术 ……………………… 23

2.2.1　机具选择 ……………………… 23

2.2.2　水稻收获要求 ……………………… 24

2.2.3　秸秆还田技术要求 ……………………… 24

2.2.4　田间对比试验 ……………………… 25

2.2.5　结果与分析 ……………………… 29

2.2.6　结论 ……………………… 34

第3章　丘陵山区水稻机械化种植品种筛选 ……… 36

3.1　丘陵山区早稻机械化种植品种筛选 ……… 37

3.1.1　试验设计 ……………………… 37

3.1.2　测定项目与方法 ……………………… 38

3.1.3　结果与分析 ……………………… 40

3.2　丘陵山区中稻机械化种植品种筛选 ……… 47

3.2.1　试验设计 ……………………… 47

3.2.2　测定项目与方法 ……………………… 48

3.2.3　结果与分析 ……………………… 48

3.3　丘陵山区晚稻机械化种植品种筛选 ……… 52

3.3.1　试验设计 ……………………… 52

3.3.2　测定项目与方法 ……………………… 54

3.3.3　结果与分析 ……………………… 54

目　录

第4章　丘陵山区水稻机械化种植技术 ·········· 61

4.1　8寸插秧机及配套育秧盘············· 62
4.1.1　总体结构与工作原理 ··········· 63
4.1.2　关键部件设计 ············· 64
4.1.3　配套育秧盘研发 ············ 67
4.1.4　机具性能试验 ············· 71
4.1.5　结果与分析 ·············· 71

4.2　不同播种量与育秧盘的育秧对比········· 76
4.2.1　试验设计 ··············· 76
4.2.2　结果与分析 ·············· 77

4.3　机插稻育秧营养基质 ············· 87
4.3.1　配方试验设计 ············· 88
4.3.2　测定项目与方法 ············ 89
4.3.3　结果与分析 ·············· 89

4.4　丘陵山区水稻机械化育插秧技术········· 98
4.4.1　丘陵山区水稻机械化育秧技术······ 98
4.4.2　丘陵山区水稻机械化插秧技术····· 107

第5章　丘陵山区水稻机械化生产大田管理技术········· 113

5.1　丘陵山区水稻机械化生产施肥管理技术···· 114
5.1.1　侧深施用控释肥技术········· 114
5.1.2　常规施肥技术 ············ 120

5.2　丘陵山区水稻机械化生产灌溉管理技术···· 122

5.2.1　分蘖阶段 …………………………………… 122

5.2.2　搁田控苗阶段 ……………………………… 122

5.2.3　孕穗阶段 …………………………………… 123

5.2.4　灌浆结实阶段 ……………………………… 123

5.3　丘陵山区水稻机械化生产无人机喷药技术 ……… 123

5.3.1　雾滴沉积量的分布特征 …………………… 124

5.3.2　雾滴均匀性和雾滴穿透性的分布特征 …… 125

5.3.3　不同喷施方式的效益比较 ………………… 126

第6章　丘陵山区水稻收获机械与机械化收获技术 ……… 129

6.1　轻简型全喂入履带式水稻联合收割机 ………… 130

6.1.1　总体结构与工作原理 ……………………… 130

6.1.2　关键部件设计 ……………………………… 131

6.1.3　机具性能试验 ……………………………… 143

6.2　履带式电动稻谷收集机 ………………………… 145

6.2.1　总体结构与工作原理 ……………………… 145

6.2.2　关键部件设计 ……………………………… 147

6.2.3　机具性能试验 ……………………………… 156

6.3　履带式太阳能稻谷收集机 ……………………… 158

6.3.1　总体结构与工作原理 ……………………… 158

6.3.2　关键部件设计 ……………………………… 160

6.3.3　机具性能试验 ……………………………… 161

6.4　轻简型水稻秸秆集捆机 ………………………… 163

6.4.1　总体结构与工作原理 ……………………… 163

6.4.2　关键部件设计 ……………………………… 165

6.4.3　机具性能试验 ……………………………… 170

6.4.4　讨论与结论 ………………………………… 172

6.5　机械化收获技术 ………………………………… 173

6.5.1　技术要求 …………………………………… 173

6.5.2　收获机械选择 ……………………………… 174

6.5.3　作业方法 …………………………………… 177

第7章　丘陵山区水稻机械化生产模式 ……………… 179

7.1　丘陵山区早稻机械化生产模式 ………………… 181

7.2　丘陵山区中稻机械化生产模式 ………………… 185

7.3　丘陵山区晚稻机械化生产模式 ………………… 189

第8章　丘陵山区水稻机械化生产技术展望 ………… 193

8.1　加强小型智能农机装备技术研发 ……………… 194

8.2　加大农田宜机化改造 …………………………… 194

8.3　促进农机农艺信息技术融合 …………………… 195

8.4　强化农机化技术人才培养 ……………………… 196

8.5　完善社会化服务组织建设 ……………………… 197

参考文献 ……………………………………………… 198

第 1 章

丘陵山区水稻机械化生产概述

1.1 丘陵山区农业机械化发展概况

丘陵山区是我国粮油糖和特色农产品的重要生产基地，约占国土面积的 2/3，粮食产量约占全国总产量的 1/3（郭宇，2022），在我国农业生产中具有举足轻重的地位。农业机械化是加快建设农业强国和推进农业农村现代化的重要抓手和基础支撑。"十三五"以来，我国农业机械化取得了长足发展，农业生产已由主要依靠人力畜力转为主要依靠机械动力，进入了机械化为主导的新阶段，形成了向全程全面高质高效转型升级的良好态势（张桃林，2022a）。我国是农机制造和使用大国，拥有 65 大类、4 200 多个机型品种的农机系列产品，但还不是农机强国，在许多方面与全球先进水平相比，仍有不少差距，全国农机总动力达 10.56 亿 kW，相比"十二五"期末增长 17%（许予永，2021）。

目前，我国主要农作物耕种收综合机械化率达 73%，而丘陵山区主要农作物耕种收综合机械化率仅为 54%，两者相差 19%（郭宇，2022）。在三大粮食作物中，小麦和玉米的耕种收综合机械化率分别达 97% 和 90%，而水稻耕种收综合机械化率仅为 84%，仍具有一定的差距（晋农，2022）。这主要是因为水稻种植区域部分处于丘陵山区，而丘陵山区特殊的地形地貌，田块小、不规则、坡陡弯多，基础设施弱、宜机化程度低，种植结构繁杂、适用农机具短缺，经济水平较低、区域发展不平衡等问题（李艳大等，2015；贺捷等，2014），导致丘陵山区水稻机械化生产水平低。随着我国经济社会的快速发展、人口老龄化和城镇化的推进以及农村青壮年劳动力进城务工，农村劳动力日益短缺，劳动力成本迅速上升，"谁来种田、怎样种田"已成为严峻的社会问题（杨艳平，2014；刘成良等，2020），农业机械化已经成为丘陵山区提升粮食综合生产能力、促进农民增产增收、保障国家粮食安全与社会稳定的重要支撑。

1.2 丘陵山区水稻机械化生产概况

水稻是南方丘陵山区种植面积最大、产量最高的粮食作物，其种植面积约占中国水稻种植面积的 68%，在中国粮食生产中占有重要的地位，加快推进丘陵山区水稻生产机械化，有助于推动水稻产业发展，降低生产成本，对于保障口粮绝对安全具有重要意义（翁晓星等，2022；易中懿等，2010）。

丘陵山区稻田分散不成规模，基础条件差，劳动力大量外出务工，老龄化问题日益突出，适宜机型不足，农机农艺不融合，导致丘陵山区水稻生产机械化水平明显落后于平原与滨湖地区，大多数区域仍处于初级发展阶段，区域发展很不平衡，广大农民对实现水稻生产机械化的需求日趋迫切（张延化等，2012；韩忠禄等，2021）。水稻生产具有作业环节多、劳动强度大、用工多等特点，尤其在育秧和插秧环节。丘陵山区水稻耕作和收获环节机械化水平相对较高，种植环节机械化水平低，是丘陵山区水稻生产全程机械化的薄弱环节和发展重点（叶春等，2016）。

1.3　丘陵山区水稻机械化生产存在的问题

1.3.1　机械化种植是短板

机插秧播种量大，秧苗素质差。培育壮秧和提高机插质量是机插秧获得丰产稳产的关键。播种量与漏插率、每穴苗数之间密切相关，播种量大，漏秧率低，每穴苗数多。广大农民为了降低机插中的漏秧率，大多采用高播种量来实现，但播种量增加导致秧苗群体大，秧苗个体间密集，育成的秧苗瘦弱细长，不带分蘖，秧苗器官发育不充分，秧苗素质差。根据杂交稻生育特性，要求少本稀植，才能发挥其增产优势，高播种量无法满足杂交稻的这一农艺要求（朱德峰等，2009）。

秧苗秧龄弹性小。"适龄"是符合机插标准壮秧的最重要指标之一。目前，机插育秧的秧龄弹性过小，生产上不能及时适龄移栽，栽插超龄秧是个突出问题。特别是在南方丘陵双季稻区，晚稻育秧期间温度高，秧苗易徒长，适宜机插的天数仅为 3～4d，造成晚稻严重超秧龄。一般秧苗超过 4 叶，株高超过 20cm，秧龄越大，秧苗素质越差，且机插对秧苗的损伤加重，不利于插秧机作业（李艳大等，2015）。

机插秧缓苗期长。机插秧由于带土少，秧苗机插后根系大量受损，影响秧苗返青分蘖和早生快发，尤其是丘陵山区早稻生长期间，丘陵山区温度较低，秧苗的返青分蘖期加长，使机插秧的全生育期延长，相比人工抛栽全生育期延长 5～7d，进而直接影响晚稻栽插和产量形成（李艳大等，2014a）。

1.3.2 适用可靠农机具少

丘陵山区适宜水稻生产的农机装备供给不足，农机化技术及机具改进研发力度不够（刘木华等，2015）。丘陵山区水稻生产各环节存在小型农机具数量多、机具质量参差不齐等问题。在耕整地环节，人畜力耕整地的方式在少数山区依然存在；在种植环节，大部分地区水稻种植仍以人工插秧或抛秧作业为主，机插秧还处在大力推广阶段；在收获烘干环节，大部分地区实现了机械化收获，而稻谷干燥和收集装袋目前主要还是采用自然晾晒和人工收集装袋的方式（叶春等，2016）。这主要是因为丘陵山区总体经济偏弱，劳动力大量外出务工，从事农业生产的劳动力老龄化，文化水平不高，对机具的接受度低，现有农机具故障较多、维修不便。另外，与平原地区相比，丘陵山区农机装备研发投入少也是导致丘陵山区农机化发展缓慢的因素之一。

丘陵山区农机具以小型单台套机具为主，多功能机具少，单个机具使用一次后闲置时间久，机具利用率低，整个作业环节需要的机具数量多。丘陵山区农业机械研发起步较晚、基础薄弱，缺乏因地制宜适合丘陵山区农业生产模式的装备。现有适用丘陵山区的农业机械十分有限，以小型拖拉机为主，各种适应性挂载机械较少，高通过性机械短缺。部分企业对丘陵山区农业机械市场的重视程度不够，对丘陵山区农业生产一线的需求缺乏深入了解，相关农业机械生产的经验和技术积累不足，导致其研发的装备技术成熟度低、品种少、性能差，与丘陵山区实际种植结构不对接，产品的更新换代与农户生产模式不同步，仍难以满足农户具体作业需求。因此，现有的农机产品很难吸引用户购买，企业利润率薄，研发投入积极性不高。目前，我国丘陵山区农业机械供给不足，智能化的农机装备更为短缺，丘陵山区水稻生产"无机可用""无好机用"的现象日益凸显（王晓文等，2022）。

1.3.3　农田标准化程度低

丘陵山区特殊的地形地貌是限制水稻机械化生产的主要因素。据调查，江西丘陵山区农户最小的地块仅为 0.013～0.02 hm²，最大的地块为 0.67 hm²，但在农场一般较大地块仅为 0.02～0.33 hm²（叶春等，2016）。田块坡度大、地块小而散，形状不规则，转弯多，农田基础设施配套不完善。常规的大中型农机装备无法适应这种耕地特征，限制了农机具大范围作业。存在少量轻便化小型农机装备，但其适用性较差、劳动强度大、工作效率不高，难以体现机械化作业的优势（王晓文等，2022）。山区以梯田式耕地为主，田块之间落差较大，田间互通道路狭窄崎岖，无机耕道，农业机械难以下田作业。丘陵山区土壤类型以红黄壤为主，土壤黏性较大、易板结、较贫瘠，耕层浅薄，特别是在丘陵双季稻区，早稻秸秆翻埋还田困难。

目前，丘陵山区农田基础设施建设薄弱，特别是机耕道的建设，大部分地区机耕道缺乏，有机无路走的现象普遍存在，使得农民在机械化生产过程中需要通过人力将机具搬运至田地，严重影响机械化生产。现有的部分机耕道大多修建于 20 世纪 60～70 年代，修建标准较低，多为土积而成，宽度大多在 2.5m 以下，只能勉强满足小型耕整机和人力板车通行。田地承包到户后，农村机耕道建设、养护、投入少，机耕道逐渐由宽变窄、由好变差、由多变少（刘木华等，2015）。

1.3.4 农机农艺融合创新不足

丘陵山区地域广，种植模式多样，农机农艺不融合也是丘陵山区水稻机械化生产中迫切需要解决的问题。丘陵山区农户普遍受传统种植习惯影响较大，对农机农艺融合的重要性认识不足，种植前未改善农田基础条件，种植时未考虑机械化作业需求，农机农艺融合度低，适合机械化种植的品种和栽培模式较少。这不仅难以发挥出农机作业的优势，也会在一定程度上增加新型农机装备的研发难度，导致丘陵山区水稻生产成本增加（王晓文等，2022）。一般情况下，农艺专家注重提高作物水肥药利用率和产量等，制定的农艺栽培措施有的难以实现机械化作业，而农机专家和企业注重考虑农机制造的难易和成本的高低，较少考虑作物品种丰产特性、农户种植习惯等。例如，双季杂交稻农艺要求稀播、单本带分蘖、中苗密植栽插，而现有育秧播种机和插秧机适合密播、多本无分蘖、小苗稀植栽插，不能很好地满足双季杂交稻种植的农艺要求，需要对育秧播种机和插秧机的播种器、秧箱、秧爪等部件进行改进研发，机械化育插秧仍然是水稻机械化生产的短板（李艳大等，2014b）。

目前，适合不同丘陵山区区域特色的农机装备研发不足，此区域的农机企业研发创新能力较弱，大多采用简单仿制，价格虽然便宜，但农机装备可靠性不高，实用性不强，故障多，尤其在田间作业中出现故障时难以及时维修，耽误农时。国产农机具多为中低端产品，同质化问题突出，可靠性、适应性有待提升，且部分关键核心技术、重要零部件、材料还存在受制于人的现象，制造工艺与发达国家相比，存在一定差距，研发能力和产品性能还不能满足生产需要，农机装备产业水平不高（杨杰等，2022）。国外进口农机虽然可靠性高、作业性能稳定，但价格高，很多农民购买力不够，只能望而却步（刘木华等，2015）。

1.3.5 农机化人才队伍不健全

为推动丘陵山区农业机械化高质量发展和实现水稻全程机械化，需要一批数量充足、结构合理、专业素质高的农机人才队伍（陈超，2016）。新机具、新技术的推广应用需要一批具有一定知识文化和操作技能的高素质农民、专业合作社及家庭农场等新型经营主体。目前，农村青壮年劳动力大量外出务工，导致从事水稻生产的高素质劳动力严重不足，限制了水稻机械化水平进一步提高。同时，丘陵山区田块小，家庭生产经营管理的农田面积小，许多农户种粮基本以满足口粮为主，"广种薄收"的现象普遍存在。

虽然许多地区成立了农机专业合作社，但组织化程度不高，内部制度不健全、不落实，管理松散，责权不够明确。大多农机专业合作社是依托农机大户，组织一些农机户，聚合一些农机具，做一些小服务，农机具利用率低，社会化服务水平不高，合作社经营效益低（李远明，2011）。同时，基层农机部门经过多次机构改革，大多县（市）、乡镇没有单独的农机内设机构，从事农机化技术推广的人员少，只有 1～2 名农机工作者，且老龄化问题突出，知识更新及培训缺位，农机化技术人才出现"青黄不接"现象，一定程度上制约了当地农机化服务能力提升，导致水稻生产机械化新技术、新机具推广难度增加（张园等，2022；凌祯蔚，2017）。

第 2 章

丘陵山区水稻机械化耕作技术

　　南方丘陵山区土壤类型以红黄壤为主，土壤黏性大、易板结、较贫瘠，机耕时机具功率消耗较大（徐丽君等，2012）。我国实施农机购置补贴政策以来，极大促进了农业机械化的发展，机耕面积大幅度增加。同时，随着土地流转加快，农业生产逐渐向规模化和集约化转变，耕整地机械逐步向大中型转变。

　　大中型耕整地机械因其耕作质量好和作业效率高，在北方平原地区的旱地耕作上广受欢迎，但在南方丘陵山区水田上的耕作表现为适用性低、掉头转弯难、作业效率不高等问题。目前，南方丘陵山区水田耕整地以犁地和耙地等多工序作业技术为主，一般采用拖拉机带旋耕机或耕整机进行 2～3 次旋耕，再用圆辊进行平整作业，机具需要下田作业 3～4 次，耕后的地表平整、松软，能满足精耕细作的要求（王桂君等，2017）。但在我国南方丘陵地区，由于稻田土壤含水量高，农机具多次下田作业，耕作层容易下陷，导致土壤结构被破坏（曹晓林等，2015）。传统的轮式拖拉机耕田，虽然作业效率较高，但容易导致稻田耕作层越耕越深，尤其在稻田掉头转弯处耕作层加深问题明显，严重破坏稻田耕作层的土壤结构，造成漏水漏肥、栽插过深、插秧机沉陷，影响插秧机作业和机插质量，进而影响秧苗早生快发和丰产稳产，不适合南方稻田的保护性耕作农艺要求（董力洪等，2015；产立，2018）。

水稻秸秆是宝贵的资源，如何综合利用好水稻秸秆是目前亟待解决的问题。秸秆还田是秸秆综合利用的最直接形式，也是秸秆处理最快速有效的手段（王金武等，2017）。秸秆还田不但可以有效改善土壤团粒结构，减少化肥用量，还可以提高后茬作物的生长质量（Chen 等，2017；Kassam 等，2015；Liu 等，2019）。在南方丘陵双季稻区，水稻秸秆机械还田作业主要包括秸秆粉碎抛撒、犁翻、旋耕等多道工序，由于水稻秸秆的生物量大，尤其是在"双抢"季节，大量的早稻秸秆进行全量还田，需要收割机配置秸秆粉碎装置。目前，水稻收割很多都是外包作业，机手为了减少油耗和提高机收效率，往往存在留茬过高的问题，利用传统秸秆还田装备时，在浸泡几天的前提下，需要机组多次下田（路昌等，2020），作业效率低，秸秆还田作业效果不理想（李小阳等，2018；马越会，2021）。这种作业模式增加了作业成本，同时造成耕作层土壤多次碾压，破坏土壤结构，造成土壤水蚀、矿质流失等问题（王金峰等，2020）。因此，亟待改进研制适用于南方丘陵山区保护性耕地、翻田、秸秆粉碎及还田一次性作业的机械化耕作技术及装备，对提升南方丘陵山区稻田土壤可持续生产力、克服请工贵用工难问题及保障粮食安全具有重要的现实意义。

2.1 水稻秸秆还田起浆机

2.1.1 总体结构与工作原理

秸秆还田起浆机主要由机架、动力系统、传动系统、挡泥板和刀辊部件组成，其中刀辊部件为主要工作部件。秸秆还田起浆机结构如图 2-1 所示，其主要技术参数见表 2-1。在机架上配装三点悬挂架总成、主传动箱总成、粉碎刀轴总成、上盖板和副传动箱总成；刀辊部件包括刀轴、旋耕刀、粉碎起浆刀和螺旋挡杆，刀轴上固定均匀分布的刀盘，旋耕刀和粉碎起浆刀固定安装在刀盘上，螺旋挡杆与刀轴同轴线且多点焊接固定在对应位置的刀柄上。刀轴总成后部设置有一覆土压平机

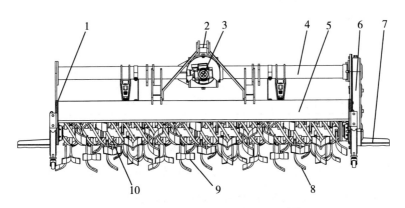

图 2-1 水稻秸秆还田起浆机整机结构
1. 机架 2. 悬挂架总成 3. 动力系统 4. 传动轴
5. 挡泥板 6. 副传动箱总成 7. 覆土压平机构 8. 旋耕刀
9. 粉碎起浆刀 10. 螺旋挡杆

构，覆土压平机构包括刮挡板、压平板和两组安装架，压平板的两侧各铰接安装有一侧压板。

表2-1 水稻秸秆还田起浆机主要技术参数

序号	项　目	单位	设计值
1	外形尺寸（长×宽×高）	mm	1 120×2 200×1 230
2	整机重量	kg	450
3	配套动力	马力*	55
4	耕幅	mm	2 200
5	耕深	mm	100~250
6	刀片形式	/	IT225起浆刀/IT245旋耕刀
7	刀片数量	片	104
8	打浆深度	mm	≥120
9	打浆深度稳定性系数	/	≥85%
10	打浆后地表平整度	mm	≤30
11	压茬深度	mm	≥50
12	植被覆盖合格率	/	≥80%
13	使用可靠性（有效度）	/	≥90%
14	连接形式	/	标准三点悬挂
15	机具前进速度	km/h	2~5

秸秆还田起浆机通过三角悬挂架与拖拉机相连，拖拉机通过万向节联轴器将动力输出到中间传动箱，再经过一次减速后，将动力传递搭配副传动箱总成，最后由副传动箱输出轴将动力传递到刀辊部件驱动其工作。秸秆还田起浆机采用旋耕刀

---

* 马力为非法定计量单位，1马力＝0.735kW，下同——编者注。

和粉碎起浆刀配合使用，先利用粉碎起浆刀完成土壤和秸秆第一次翻埋覆盖，再利用旋耕刀对土壤和秸秆二次切削翻埋。作业时，固定在刀辊部件上的旋耕刀片和粉碎起浆刀片将秸秆切断切碎，并将留茬挖起，大部分土壤和秸秆在旋转过程中撞击盖板后落于挡泥板前方，被刀辊部件在旋转的过程中压至泥土里，小部分的秸秆在上翘或弹起的过程中，则被螺旋挡杆挡住，压落到田里，同时避免秸秆上翘，缠绕在刀柄、刀辊等部件上。覆土压平机构可以保证作业后土地表面平整、作业质量高，达到秸秆埋深一致性好的理想耕作效果。

2.1.2　关键部件设计

1. 刀辊的设计

刀辊是秸秆还田起浆机的主要工作部件和动力消耗部件。刀辊主要由刀辊滚筒、刀盘和刀具组成。在南方丘陵双季稻区，收获方式主要是采用全喂入联合收割机进行作业，收获后秸秆留茬高度为 150～300mm，但在"双抢"季节，机手为减少油耗和提高作业效率，往往存在高留茬的问题，针对这一情况，以水稻秸秆留茬高度 500mm 以下作为作业环境对刀辊进行设计。为避免刀辊缠草，刀辊横截面周长应该大于秸秆的留茬高度，但刀辊直径过大，会导致刀辊转动惯量过大，不利于降低牵引功率（杨桂荣等，2018）。根据圆周长计算公式：

$$C = \pi \times D \qquad (2-1)$$

式中：C——刀辊周长（mm）；

D——刀辊直径（mm）。

为保证作业质量，刀辊直径设计采用大直径刀辊，综合考虑南方丘陵双季稻田秸秆特性及滚筒直径与功耗之间的关系，确定滚筒外径为160mm；为了减少作业时缠绕稻草和动力消耗以及便于通过调节刀具安装角而确定合理的滑切角，改进设计了刀盘底座结构。笔者设计了一种新型的刀盘底座机构（图2-2），通过将刀盘

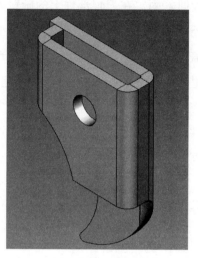

图2-2　刀盘底座

座底部改成圆弧形，圆弧角为正弦指数曲线和阿基米德螺线的组合，再将圆弧底座焊接在刀辊上，可有效保证作业效果、提高作业效率。

2. 刀具的设计

刀具是机具作业的最关键部件，刀具各刃口曲线参数直接影响作业质量和功率消耗。为了与刀盘底座配套，刃口曲线采用正弦指数曲线和阿基米德螺线的组合，为保证还田装置的作业效果且减小切割阻力，获得较好的作业质量，根据前人研究（刘铁栋，2019；贾文波，2020）可知，在设计过程中将其动

态滑切角变化限制在 45°～55°。

刀具采用旋耕刀和粉碎起浆刀配合使用（图 2-3），旋耕刀规格为 IT245，粉碎起浆刀在 IT225 基础上改进设计，包括刀柄和两个连接在刀柄上的刀片，两个刀片呈"人"字形设置，两个刀片与刀柄一体成型。刀片由弧形连接段和直线连接段构成，直线连接段与两个刀片悬空端边缘线所在平面之间的夹角 α 为 25°～35°，在该角度范围内，根茬的挖除效果最佳。利用旋耕刀对土壤的切削作用将水稻秸秆翻埋覆盖，再加上粉碎起浆刀作业良好的起浆效果，实现对水稻秸秆的翻埋覆盖并直接还田。

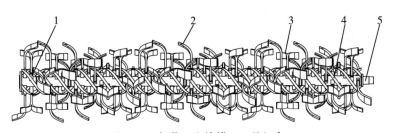

图 2-3　打浆刀和旋耕刀刀具组合
1. 刀座　2. 旋耕刀　3. 粉碎起浆刀　4. 螺旋挡杆　5. 刀轴

3. 刀片数量及排列

机具刀片的安装数量以及刀具的排列规律对牵引机具的动力消耗以及机具的作业效果都有很大的影响。因此，在设计水稻秸秆还田起浆机时应对刀具数量以及其排列规律进行合理优化，达到良好的作业效果，从而降低机组的动力消耗。刀具排列设计采用螺旋线式，总刀数为：$4n \pm 2$（n 为自然数），该机

设计 n 为26，总刀数为106，包括 IT225 起浆刀 54 把和 IT245 旋耕刀 52 把。

4. 螺旋挡杆的设计

旋耕类机具田间作业时，如果翻埋韧性比较强的秸秆类作物，容易出现缠草问题，从而影响机具的作业质量。根据第一代样机出现的缠草问题，通过研究水稻秸秆的力学特性（干的秸秆在泡水后韧性强，不易切断）以及秸秆缠绕刀具的路径，在水稻秸秆还田起浆机的刀轴之间间断的增加螺旋挡杆（图 2－3），通过螺旋挡杆的旋转阻挡作用，使水稻秸秆不易缠绕在刀具上，在田间作业时，通过刀辊的高速旋转将秸秆甩出，解决稻草缠刀问题。

2.1.3　机具性能试验

1. 田间试验条件

试验地点为江西省抚州市农业科学研究所试验田，采用自主研发的水稻秸秆还田起浆机和常规旋耕机进行田间作业对比试验，设置相同动力和作业幅宽，选用土壤特性基本相同的邻近稻田 2 块，每块田面积 3 亩 * 左右，前茬为水稻，平均稻茬高度为30cm，作业前灌水浸泡田块 3～5d，灌水深度 5cm，如图 2-4 所示。

----

　　* 亩为非法定计量单位，15 亩＝1hm²。下同——编者注。

图2-4　作业前稻田

2. 试验测定主要性能指标

不同机型对比试验，进行水稻秸秆还田旋耕作业时，主要测试作业深度、地面平整度、压茬深度、植被覆盖合格率等指标。试验过程中，由于目前我国还没有针对南方水田秸秆还田起浆机的相关标准，参考中华人民共和国机械行业标准《旋耕机》进行各项指标的测定。

3. 试验结果与分析

（1）作业深度的测定

作业深度采用直尺进行测定。测定时，沿机组前进方向在已作业范围内测定，每隔2m测一点，测定2个行程，每个行程各测11个点，并计算平均值，测试结果如表2-2所示。

表 2 - 2　不同机型作业深度测量值

测试点	秸秆还田起浆机/mm		常规旋耕机/mm	
	第一行程	第二行程	第一行程	第二行程
1	180	168	115	130
2	190	186	120	123
3	170	190	135	138
4	187	178	106	139
5	150	180	152	137
6	190	176	155	142
7	190	170	140	136
8	183	165	165	165
9	192	167	140	133
10	186	185	120	140
11	163	158	135	150
平均值	177.45		137.09	
标准	≥120			
评价	合格			

旋耕深度的标准差 $s = \sqrt{\dfrac{\sum_{i=1}^{n}(h_i - \overline{h})^2}{n-1}}$ ，水稻秸秆还田起浆机和常规旋耕机的旋耕深度标准差分别为 11.65 mm 和 14.52 mm；旋耕深度变异系数 $V = \dfrac{s}{h} \times 100\%$ ，分别为 6.57% 和 10.59%；作业深度稳定系数 $U = 1 - V$ ，分别为 93.43% 和 89.41%。

（2）地面平整度的测定

作业后，在作业区内测定 2 个行程，每一行程测定 11 个点，测定作业后的地表与水平基准面的垂直距离，测量结果如表 2-3 所示。

表 2-3 不同机型地面平整度测量值

测试点	秸秆还田打浆机/mm		常规旋耕机/mm	
	第一行程	第二行程	第一行程	第二行程
1	19	20	61	-24
2	-29	-24	-12	62
3	28	19	40	-15
4	17	37	21	55
5	-26	23	-45	36
6	22	-16	65	56
7	21	40	16	-42
8	-17	-22	56	70
9	16	24	50	-22
10	18	36	-22	68
11	34	-15	-29	-28
平均值	10.23		18.95	
地面平整度	23.17		41.48	
标准	≤30			
评价	合格		不合格	

计算作业后的泥浆表面与水平基准面的垂直距离平均值，

并计算打浆后地表平整度 $S = \sqrt{\dfrac{\sum_{i=1}^{n}(Y_i - \overline{Y})^2}{n-1}}$ ，水稻秸秆

还田起浆机和常规旋耕机的地面平整度分别为 23.17mm 和 41.48mm。

(3) 压茬深度的测定

作业后，在测区范围内测定 2 个行程，每个行程测 11 个

点，测量泥浆表面与压入泥浆中留茬（压入泥浆的留茬不少于全长 2/3）的垂直距离，即为压茬深度，测量结果如表 2-4 所示。

表 2-4 不同机型压茬深度测量值

测试点	秸秆还田打浆机/mm		常规旋耕机/mm	
	第一行程	第二行程	第一行程	第二行程
1	52	45	20	30
2	46	53	25	40
3	40	40	20	45
4	61	48	30	25
5	55	60	50	30
6	35	54	30	35
7	40	50	20	30
8	45	65	40	40
9	62	55	50	35
10	45	57	30	40
11	40	55	20	40
平均值	50.14		32.95	
标准	$\geqslant 50$			
评价	合格		不合格	

计算压茬深度平均值，水稻秸秆还田起浆机和常规旋耕机的压茬深度分别为 50.14mm 和 32.95mm。

（4）植被覆盖合格率的测定

不同机型旋耕作业 2 遍后，在作业区范围内随机选取 7 个测试点，每个测试点取 1m² 的面积，对地表以上及地表以下作业深度范围内秸秆、根茬和植被质量分别进行测定，测量结果如表 2-5 所示。

表2-5　不同机型植被覆盖合格率测量值

| 机型 | 测试次数 | | | | | | | 均值 | 标准 | 评价 |
	1	2	3	4	5	6	7			
秸秆还田起浆机/%	81.13	76.21	81.47	79.46	90.80	80.46	86.05	82.23	80	合格
常规旋耕机/%	41.74	59.73	57.94	56.61	49.46	76.71	70.09	58.90	80	不合格

计算植被覆盖合格率 $F_b = \left(\dfrac{W_q}{W_q + W_h}\right) \times 100\%$,

式中: F_b——植被覆盖合格率/%;

$\quad W_q$——地表以下作业深度范围内秸秆、根茬和植被质量/g;

$\quad W_h$——地表以上作业深度范围内秸秆、根茬和植被质量/g。

结果显示,水稻秸秆还田起浆机和常规旋耕机的植被覆盖合格率分别为82.23%和58.90%,作业2遍之后的效果如图2-5所示。

(5) 试验分析

试验结果表明,水稻秸秆还田起浆机的地面平整度、压茬深度、植被覆盖合格率等指标都优于常规旋耕机,性能稳定,各项指标都能满足后续机械化插秧的技术要求。作业深度为150～192mm,均>120mm,作业深度稳定性系数为93.43%,>85%,地面平整度为23.17mm,<30mm,压茬深度为50.14mm,>50mm,植被覆盖合格率为82.23%,>80%。水稻秸秆还田起

常规旋耕机作业效果

秸秆还田起浆机作业效果

图 2-5 作业效果对比

浆机的各项性能指标均符合机械行业标准《旋耕机》要求，能够将水稻秸秆进行深埋，同时不影响后续插秧机作业。而常规旋耕机的地面平整度、压茬深度和植被覆盖率都不符合标准要求，需进行二次田间作业才能满足机插秧对田面质量要求。

（6）效益分析

应用水稻秸秆还田起浆机进行秸秆还田作业，作业 2 遍即可满足插秧要求，而常规旋耕机先作业 2 遍翻埋，过 1～2d 二次下田再作业 1～2 遍，总共作业 3～4 遍才能满足插秧要求，同时对水田耕作层进行了二次破坏，增加了水田泥脚深度，给后续插秧机作业增加困难，作业效率降低了 33%～50%。

水稻秸秆还田起浆机进行水稻秸秆全量还田，符合国家农业发展的绿色农业的需要，不仅能够有效的解决秸秆焚烧问题，同时水稻秸秆全部利用，能够增加土壤中有机质的含量，进而改善土壤肥力状况，减少化肥施用量，对提高农田生态环境质量具有十分重要的意义。

2.2　水稻机械化耕作技术

2.2.1　机具选择

根据南方丘陵山区稻田土壤类型和耕作制度，应选择稻田耕作动力机械（履带自走式拖拉机）和秸秆还田机械（秸秆还田起浆机），以适宜南方丘陵山区水田保护性耕作技术要求，实现农机与农艺的有效融合。

2.2.2　水稻收获要求

采用水稻联合收割机收获，收割机应安装有稻草切碎或粉碎装置，留茬高度控制在 15cm 以内，稻草秸秆切碎长度不超过 10cm，切碎长度合格率不小于 90％，均匀抛撒在田间，均匀度不小于 80％。

2.2.3　秸秆还田技术要求

采用秸秆还田机械耕翻埋草作业，在翻耕土壤的同时，将地表秸秆翻埋至土壤中，耕翻深度满足当地农艺和土壤条件要求（施用基肥但不与整地及移栽作业同时进行的，可在翻耕作业前，将基肥均匀撒施至地表）；旋耕或耙耕碎土整地作业，将田块土垡旋或耙碎，旋、耙深度满足当地农艺要求（施用基肥但不与整地及移栽作业同时进行的，可在旋耕或耙耕作业前，将基肥均匀撒施至地表）。其技术指标应符合表 2-6 的要求。

表 2-6　机械插秧前田块质量

序号	项目	单位	性能指标
1	搅浆深度	cm	≥10
2	地表平整度	cm	≤3
3	压茬深度	cm	≥5
4	植被覆盖率	/	≥90％
5	作业后田面状况		满足机插秧对田块的要求

2.2.4　田间对比试验

1. 试验设计

试验于 2020 年 7 月 22 日在江西省农业科学院高安试验基地进行，供试水稻品种为原谷珍香，播种期 6 月 29 日，插秧期 7 月 25 日，用井关乘坐式高速插秧机栽插，田间管理同当地高产田，收获期 11 月 16 日。

试验 1：采用履带式旋耕机＋秸秆还田起浆机，开展不同留茬高度的田间作业性能对比试验。设置 3 个留茬高度和 2 个耕作次数，3 个留茬高度（H）分别为 150mm（H1）、300mm（H2）和 450mm（H3），2 个耕作次数（N）分别为 1 次（N1）和 2 次（N2），即：①留茬高度 150mm，耕作 1 次（H1N1）；②留茬高度 300mm，耕作 1 次（H2N1）；③留茬高度 450mm，耕作 1 次（H3N1）；④留茬高度 150mm，耕作 2 次（H1N2）；⑤留茬高度 300mm，耕作 2 次（H2N2）；⑥留茬高度 450mm，耕作 2 次（H3N2）。配套动力为良田 1GZL－220 自走履带式旋耕机，试验田面积 6 亩，将田块平均分为 6 个小区，每个小区面积 1 亩，测试的前茬为早稻，采用带粉碎装置的全喂入联合收割机进行收割，秸秆粉碎并全量还田，旋耕作业前灌水浸泡田块 2d，灌水深度 50mm。

试验 2：采用履带式旋耕机＋秸秆还田起浆机，与普通轮式拖拉机＋旋耕机搭配组合的田间作业性能对比试验。该试验设置 3 个处理，分别为沃得奥龙轮式拖拉机＋旋耕机（B1），履带式拖拉机＋旋耕机（B2），履带式拖拉机＋秸秆还田起浆机（B3），耕作次数为 2 次，试验田前茬为早稻，采用带粉碎装置的全喂入联合收割机进行收割，平均留茬高度为 15cm，试验田面积 3 亩，将田块平均分为 3 个小区，每个小区面积 1 亩，采用带粉碎装置的全喂入联合收割机进行收割，秸秆粉碎并全量还田，旋耕作业前灌水浸泡田块 2d，灌水深度 50mm。

2. 测定性能指标及方法

（1）耕作效果

主要测试耕深、耕深稳定性、压茬深度、地表平整度和植被覆盖率等指标。测定方法和要求参照 DG/T 005—2019《旋耕机》、DG/T 088—2019《自走履带旋耕机》和 GB/T 24685—2009《水田平地搅浆机》等进行，相同的作业性能指标如判定标准不一致，以三个标准中要求最高标准为判定依据，即耕深 ≥ 120mm、耕深稳定性 ≥ 85%、压茬深度 ≥ 50mm、地表平整度 ≤ 50mm 和植被覆盖率 ≥ 80%。

①耕深和耕深稳定性。耕作深度采用直尺进行测定。测定时，沿机组前进方向在已耕作范围内测定，每隔 2m 测一点，测定 2 个行程，每个行程各测 11 个点，计算平均值，按照以下公式进行计算。

$$a = \frac{\sum_{i=1}^{n} a_i}{n} \qquad (2-2)$$

$$s = \sqrt{\frac{\sum_{i=1}^{n}(a_i - a)^2}{n-1}} \qquad (2-3)$$

$$v = \frac{s}{h} \times 100\% \qquad (2-4)$$

$$u = 1 - V \qquad (2-5)$$

式中：a——耕深平均值/mm；

　　　a_i——第 i 个点的耕深值/mm；

　　　n——测定点数；

　　　s——耕深标准差/mm；

　　　v——耕深变异系数；

　　　u——耕深稳定性系数。

②压茬深度。耕作后，在测区范围内测定 2 个行程，每个行程测 11 个点，测量泥浆表面与压入泥浆中留茬（压入泥浆的留茬不少于全长 2/3）的垂直距离，即为压茬深度。

③地表平整度。耕作后，在耕作区内测定 2 个行程，每一行程测定 11 个点，测耕作后的地表与水平基准面的垂直距离，计算耕作后的泥浆表面与水平基准面的垂直距离平均值，按照以下公式计算打浆后地表平整度。

$$Y = \frac{\sum_{i=1}^{n} Y_i}{n} \qquad (2-6)$$

$$S = \sqrt{\frac{\sum_{i=1}^{n}(Y_i - Y)^2}{n-1}} \qquad (2-7)$$

式中：Y——泥浆表面与水平基准面的垂直距离平均值/mm；

　　　Y_i——第 i 个点的泥浆表面与水平基准面的垂直距

离/mm;

n——测定点数;

S——地表平整度/mm。

④植被覆盖率。不同机型旋耕作业 2 遍后，在耕作区范围内随机选取 7 个测试点，每个测试点取 1m²，对地表以上及地表以下耕作深度范围内秸秆、根茬和植被质量分别进行测定，按照以下公式进行计算。

$$F_b = \frac{W_q}{(W_q + W_h)} \times 100\%\qquad(2-8)$$

式中：F_b——植被覆盖合格率/%;

$\quad\quad W_q$——地表以下耕作深度范围内秸秆、根茬和植被质量/g;

$\quad\quad W_h$——地表以上耕作深度范围内秸秆、根茬和植被质量/g。

（2）机插适应性分析

机具耕作后，开展机插秧适应性分析，采用对角线取样法选取五个测区，测区距田边大于一个工作幅宽。在五个测区内，测定栽插深度、漏插率、漂秧率和伤秧率等指标。每个测区在全幅宽内各测 100 穴；测定漏插穴数和翻倒穴数时，每个测区各测 200 穴。按以下公式计算各项指标。

①栽插深度。在五个测区附近各测 10 穴秧苗。以田泥面为基准，量至秧块表面，判定为栽插深度。

②漏插率。

$$R_l = \frac{X_l}{X} \times 100\%\qquad(2-9)$$

式中：R_l——漏插率/%；

　　　X_l——漏插穴数总和/穴；

　　　X——测定总穴数/穴。

③漂秧率。

$$R_p = \frac{Z_p}{Z} \times 100\% \qquad (2-10)$$

式中：R_p——漂秧率/%；

　　　Z_p——漂秧株数总和/株；

　　　Z——测定总株数/株。

④伤秧率。

$$R_s = \frac{Z_s}{Z} \times 100\% \qquad (2-11)$$

式中：R_s——伤秧率/%；

　　　Z_s——伤秧株数总和/株；

　　　Z——测定总株数/株。

3. 产量与产量结构

于成熟期随机测定每穗粒数、结实率和千粒重等指标，采用五点取样法进行测产，测定每个处理的产量构成和增产效果。

2.2.5　结果与分析

1. 耕作效果分析

表 2-7 为采用履带式旋耕机＋秸秆还田起浆机在不同留

茬高度田间作业性能对比试验结果。由表 2－7 可以看出，研制的水稻秸秆还田起浆机能一次性完成水田高茬秸秆埋覆还田、旋耕整地和地表平整等多项作业工序，除了当留茬高度 450mm，作业次数 1 次时，压茬深度为 49.5mm，略低于技术要求外，其余处理的耕深、耕深稳定性、压茬深度、地面平整度和植被覆盖合格率 5 个指标均符合技术要求。当耕作 2 次时，即使最高留茬高度 450mm，所有的指标均显著符合技术要求。当留茬高度 150mm，耕作次数 2 次时，各项指标显著优于其他处理，其耕深、耕深稳定性、压茬深度、地面平整度和植被覆盖合格率分别为 141.64mm、94.82％、98.67mm、25.13mm 和 94.60％，较大纲标准分别提高了 18.03％、11.55％、97.34％、－49.74 和 18.25％，显著提升了耕作效果。

表 2－7　不同留茬高度的田间作业性能检测结果

处理	耕深/mm	耕深稳定性/%	压茬深度/mm	地表平整度/mm	植被覆盖率/%
H1N1	132.27c	88.79b	60.13d	44.13b	86.66b
H2N1	124.18d	86.13c	54.50e	45.94b	83.57c
H3N1	123.73d	85.45c	49.50f	48.76a	81.35d
H1N2	141.64a	94.82a	98.67a	25.13e	94.60a
H2N2	140.05a	90.56b	88.67b	34.42d	87.93b
H3N2	138.36b	89.15b	74.50c	41.64c	83.20c

表 2－8 为不同耕作机具作业的田间作业性能试验结果。

由表 2-8 可以看出，不同的耕作机具作业的性能指标差异显著，除地表平整度外，从 B1 到 B3，各耕作指标效果依次增加，经 B3 处理的耕深、耕深稳定性、压茬深度和植被覆盖合格率分别为 141.64mm、94.82％、98.67mm、94.60％，显著优于另外两个处理，各项指标较 B1 和 B2 处理分别提升了9.92％和 4.88％、4.31％和 4.13％、42.59％和 19.12％、13.04％和 7.16％。

表 2-8　不同耕作机具作业的田间作业性能检测结果

处理	耕深/ mm	耕深稳定性/ ％	压茬深度/ mm	地表平整度/ mm	植被覆盖率/ ％
B1	128.86c	90.90c	69.20c	41.99a	83.69c
B2	135.05b	91.06b	82.83b	38.41b	88.28b
B3	141.64a	94.82a	98.67a	25.13c	94.60a

2. 对机插秧适应性分析

表 2-9 为不同留茬高度对机插秧效果的影响。随着留茬高度增加，栽插深度依次降低，漏插率和伤秧率逐渐升高，漂秧率差异不显著。耕作次数同样会影响插秧效果，耕作 2 次的效果显著优于耕作 1 次，当耕作 1 次时，伤秧率明显增加，经履带式拖拉机+秸秆还田起浆机耕作，除了伤秧率不符合标准要求外，各项指标均符合要求。采用 H1N2 效果最好，各指标栽插深度、漏插率、漂秧率和伤秧率分别为 37.30mm，0.6％、1.2％和 1.2％，显著优于其他处理。

表 2-9 不同留茬高度对机插秧效果影响

处理	栽插深度/mm	漏插率/%	漂秧率/%	伤秧率/%
H1N1	35.50b	1.0c	2.0bc	2.4d
H2N1	27.00e	1.2b	2.4b	6.4b
H3N1	22.50f	2.6a	3.2a	8.4a
H1N2	37.30a	0.6c	1.2cd	1.2e
H2N2	32.95c	1.4b	1.4c	4.6c
H3N2	30.25d	1.4b	2.4b	5.4bc

表 2-10 为不同耕作机具作业对机插秧效果的影响。由表 2-10 可以看出,不同的耕作机具作业对机插秧效果影响除漏插率外,均差异显著,从 B1 到 B3 处理,漏插率、漂秧率和伤秧率依次降低,B3 处理的漏插率、漂秧率和伤秧率显著优于其他处理。

表 2-10 不同耕作机具作业对机插秧效果影响

处理	栽插深度/mm	漏插率/%	漂秧率/%	伤秧率/%
B1	43.20a	2.6a	2.4a	3.6a
B2	35.30c	2.4a	1.8b	2.8b
B3	37.30b	0.6b	1.2c	1.2c

3. 对产量和产量构成的影响

表 2-11 为不同留茬高度对产量及构成因素的影响,随着留茬高度的增加,有效穗数、穗粒数、结实率依次降低,千粒重和结实率差异不显著;耕作次数同样会影响水稻的产量结构,耕作 2 次的有效穗数和穗粒数显著优于耕作 1 次,

千粒重和结实率差异不显著，经 H1N2 处理的效果最好，有效穗数达到 409.85 万/hm²，穗粒数达到 144.12，理论产量和实际产量分别达到 10 186.21kg/hm² 和 7 115.55kg/hm²，增产效果显著。

表 2 - 12 为不同耕作机具作业对产量及构成因素的影响，从 B1 到 B3 处理，有效穗数、穗粒数、理论产量和实际产量依次升高，经 B3 处理的效果显著优于其他处理，但千粒重和结实率差异不显著。

表 2 - 11　不同留茬高度对产量结构影响

处理	有效穗数/ (万/hm²)	穗粒数	千粒重/ g	结实率/ %	理论产量/ (kg/hm²)	实际产量/ (kg/hm²)
H1N1	387.57b	142.22ab	21.38a	80.36a	9 470.91b	6 618.53c
H2N1	366.06d	139.98bc	21.31b	79.73ab	8 706.18d	6 340.05d
H3N1	361.41d	139.09bc	21.24c	78.72ab	8 404.59e	6 169.87e
H1N2	409.85a	144.12a	21.34a	80.81a	10 186.21a	7 115.55a
H2N2	382.29b	143.36a	21.36a	80.34a	9 405.27b	6 827.18b
H3N2	374.43c	140.13b	21.37a	79.69ab	8 935.02c	6 519.37c

表 2 - 12　不同耕作机具作业对产量结构影响

处理	有效穗数/ (万/hm²)	穗粒数	千粒重/ g	结实率/ %	理论产量/ (kg/hm²)	实际产量/ (kg/hm²)
B1	388.76c	141.13b	21.28a	78.51a	9 166.68c	6 490.20c
B2	391.82b	142.75b	21.32a	79.38a	9 466.73b	6 804.60b
B3	409.85a	144.12a	21.34a	80.81a	10 186.21a	7 115.55a

表 2-13 为不同耕作机具作业实际产量的增产效应比较。从表 2-13 中可以看出，B3 处理增产效果显著，较 B1 和 B2 处理分别平均增产 625.35kg/hm² 和 310.95kg/hm²，平均增产率 9.64％和 4.57％。

表 2-13　不同耕作机具作业的增产效应比较

处理	实际产量/（kg/hm²）	B3 比 B1 增产		B3 比 B2 增产	
		kg/hm²	％	kg/hm²	％
B1	6 490.20				
B2	6 804.60	625.35	9.64	310.95	4.57
B3	7 115.55				

2.2.6　结论

（1）田间性能对比试验结果表明，南方丘陵区水田高留茬秸秆还田起浆机能一次性完成高茬秸秆埋覆还田、旋耕整地和地表平整等多项作业工序，其作业深度、作业深度稳定性、地面平整度、压茬深度、植被覆盖合格率等均符合设计要求，在作业 1 次时，作业性能基本符合相关大纲标准技术要求，作业 2 次时，各项作业性能均完全达到设计要求和符合相关大纲标准技术要求，较大纲标准分别提高了 18.03％、11.55％、97.34％、49.74％和 18.25％，作业过程平稳，旋耕整地、地表平整质量好，秸秆埋覆还田效果好；南方水田高留茬秸秆还田起浆机作业后，对机插质量效果好，当耕作 1 次时，除了伤秧率不符合标准要求外，各项指标均符合要求，当耕作 2 次时，各机插性能指标符合国家标准要求，满足后续水稻机械化种植的农艺要求。各指标栽插深度、漏插率、漂秧率和伤秧率分别为 37.30mm、0.6%、1.2% 和 1.2%，显著优于其他处理。

（2）不同耕作机具作业性能对比试验结果表明，采用履带自走式拖拉机配套水田秸秆还田起浆机的作业效果较佳，较轮式拖拉机＋普通旋耕机、履带式拖拉机＋普通旋耕机，其作业深度、耕深稳定性、压茬深度、植被覆盖合格率等耕作性能指标分别提升了 9.92% 和 4.88%、4.31% 和 4.13%、42.59% 和 19.12%、13.04% 和 7.16%；栽插深度、漏插率、漂秧率和伤秧率等机插秧指标均显著优于其他处理；大田试验增产效果显著，分别平均增产 625.35kg/hm² 和 310.95kg/hm²，平均增产率 9.64% 和 4.57%。因此，较传统的耕作机具，履带自走式拖拉机＋水田秸秆还田起浆机的作业效果较佳，适宜在南方丘陵双季稻区推广应用。

第3章

丘陵山区水稻机械化种植品种筛选

　　水稻是南方丘陵山区种植面积最大、产量最高的粮食作物,其种植面积约占中国水稻种植面积的 68%,在中国粮食生产中占有重要的地位(易中懿等,2009)。随着我国经济社会的快速发展和农村劳动力不断向二三产业转移,适龄劳动力季节性短缺矛盾日益突出,劳动力成本迅速上升,广大农村和农民迫切需要省工省力、节本增效的以机械化作业为核心的现代稻作技术(张文毅等,2011;吴成勇,2016)。水稻机械化栽插是水稻生产机械化、集约化、规模化及产业化的重要途径,是实现水稻全程机械化的重点(何金均等,2009;陈德超,2016),筛选适宜机械化栽插的水稻品种是提高机插稻产量和充分发挥品种增产潜力的关键(张汉夫,2009)。虽然前人在水稻机械化生产方面开展了大量研究,但有关适合南方丘陵山区机械化栽插的水稻品种筛选研究鲜有报道。我国南方丘陵山区田块小,不规则,坡陡弯多,特别是高海拔的山地区域,以梯田为主,机械较难操作,温差大,后期温度较低,只适宜一季稻的种植(李忠辉等,2010;王忠群等,2011)。在丘陵山区机械化种植水稻对品种要求更为严格，培育适合机插的高质量秧苗是获得丰产稳产的重要环节（陈川等，2003；邵文娟等，2004），良好的茎蘖动态是机插水稻群体质量评价的重要指标，良好的个体株型是高产的骨架和提高群体质量的必备条件（杨建昌等，2006a，2006b；Peng 等，2008），而机插稻的植株形态、产量和产量结构受施肥水平的影响（闫川等，2008），不同育秧盘也会影响机插稻株型和产量（叶春等，2020）。

　　本章主要从水稻秧苗素质、机插质量、植株形态、茎蘖动态、产量和品种株型等综合性状方面比较分析，筛选出适宜江西等南方丘陵山区机械化种植的早稻、中稻和晚稻品种。

3.1　丘陵山区早稻机械化种植品种筛选

3.1.1　试验设计

　　试验于 2010 年 3～8 月在江西省吉安市泰和县（26°47′N，114°54′E）和景德镇市浮梁县（29°21′N，117°13′E）进行。泰和县境内地貌以低浅丘陵为主，属亚热带季风气候，气候温和，日照充足，雨量充沛，年平均气温 18.6℃，年平均无霜期 280d，年平均降水量 1 370.5mm。泰和试验点耕作层土壤含有机质 29.30g/kg、全氮 1.44g/kg、碱解氮 147.00mg/kg、速效磷 19.80mg/kg、速效钾 94.00mg/kg。浮梁县境内以中低山和丘陵为主，雨量充沛、光照充足，属中亚热带潮湿天气，年平均气温 17℃，年降水量 1 764mm。浮梁试验点耕作层土壤含碱解氮 243.20mg/kg、速效磷 75.20mg/kg 和速效钾 70.80mg/kg。2 个试验点均设 5 个早稻品种，氮肥（尿素，含 N 量 46.4%）用量为 180kg N/hm²；另外配施 P_2O_5 90kg/hm²，K_2O 180kg/hm²，前作为晚稻，机插行株距为 30cm×11.7cm，供试品种及其处理见表 3-1，其他栽培管理措施同当地高产栽培田。

3.1.2　测定项目与方法

1. 秧苗素质与机插质量

机插前，每个品种随机选取 100 株秧苗进行秧苗素质的调查，测定指标包括：株高、叶龄、根数、茎基宽、百苗鲜重和苗床播种均匀度。机插后，随机连续选取 50 穴，调查插栽深度、每穴株数、伤秧率、漂秧率和漏插率等指标。

2. 茎蘖动态

在机插后 7d，每个品种定株 40 穴进行基本苗的调查，以后每隔 7d 进行茎蘖动态的调查。

3. 产量和产量构成

于成熟期调查株高、穗数，取样测定穗粒数、结实率、千粒重；每个品种收割中心 4m² 进行测产，单独脱粒晒干并风选后，称干谷重，同时测定干谷水分含量，然后计算折合含水

表 3-1　供试早稻品种及其处理

地点	品种	生育期/d	播种期/(月/日)	移栽期/(月/日)	种植面积/hm²	育秧方法	耕整机械	插秧机械	收割机械
泰和	中嘉早17	114	3/20	4/20	0.10	淤泥硬盘育秧	东风-151手扶拖拉机	东洋 PF455S4 步行式插秧机	龙舟 4LZ-1.8 联合收割机
	先农37	115	3/20	4/20	0.13				
	D优秀2号	117	3/20	4/20	0.13				
	春光1号	114	3/20	4/20	0.08				
	03优66	114	3/20	4/20	0.13				
浮梁	淦鑫203	119	3/29	4/29	0.12	旱土硬盘育秧	东风-151手扶拖拉机	东洋 PF455S4 步行式插秧机	龙舟 4LZ-1.8 联合收割机
	03优66	114	3/29	4/29	0.08				
	优I1501	113	3/29	4/29	0.13				
	I优899	118	3/29	4/29	0.12				
	春光1号	114	3/29	4/29	0.09				

量为 14％的稻谷产量。

4. 品种综合评价

从品种生育期、分蘖力、成熟度、结实率、长势长相、抗病性、抗倒伏性、产量等方面综合评价供试早稻品种的优劣及对机械化生产的适宜性。

3.1.3 结果与分析

1. 秧苗素质与机插质量

由表 3-2 可知，泰和试验点 5 个机插早稻品种秧苗的株高、叶龄和根数差异不明显，平均株高、叶龄和根数分别为13.04cm、2.91 叶和 8.75 条。浮梁试验点 5 个机插早稻品种秧苗的平均株高为 12.36cm，叶龄和根数品种间差异较大，叶龄和根数均以优Ⅰ1501 最多，Ⅰ优 899 最少，两者的叶龄和根数分别相差 0.33 叶和 2.20 条。两个试验点的秧苗茎基宽差异不大，平均茎基宽为 0.23cm；03 优 66 因叶龄较大，其百苗鲜重最高，说明其生物量较大。播种均匀度很大程度上影响机插时的漏插率，均匀度越高，漏插率越小。泰和试验点 5 个机插早稻品种秧苗的播种均匀度差异较大，中嘉早 17 的播种均匀度达 86％，而 D 优秀 2 号仅为 75％，相差 11％；浮梁试验点 5 个机插早稻品种秧苗的播种均匀度以优Ⅰ1501 最高，达 87.69％，以春光 1 号最低，相差 8.84％。

总体而言，两个试验点的秧苗素质总体偏差，秧龄达

30d，株高均小于 14cm，叶龄均小于 3.5 叶。主要与 2010 年江西省春播期间低温、寡照、多雨有关，据当地气象部门资料统计分析，2010 年比 2009 年同期日平均温度下降 0.9℃，日照时数减少 15.46h，降雨量增加 100.2mm。

表 3-2　不同机插早稻品种的秧苗素质

地点	品种	株高/ cm	叶龄/ 叶	根数/ 条	茎基宽/ cm	百苗鲜重/ g	播种均匀度/ %
泰和	中嘉早 17	13.16	2.95	8.96	0.23	30.20	86.00
	先农 37	13.06	2.89	8.80	0.21	28.60	85.00
	D优秀 2 号	12.66	2.92	7.86	0.21	27.00	75.00
	春光 1 号	13.06	2.82	9.18	0.24	28.40	80.00
	03 优 66	13.27	2.98	8.96	0.23	30.80	81.00
浮梁	淦鑫 203	12.24	3.05	9.38	0.23	29.80	86.92
	03 优 66	13.32	3.20	9.40	0.24	30.20	80.77
	优 I 1501	12.38	3.23	9.44	0.24	28.60	87.69
	I 优 899	11.54	2.90	7.24	0.21	27.80	83.08
	春光 1 号	12.33	2.96	8.76	0.23	28.00	78.85

表 3-3 为泰和试验点 5 个机插早稻品种的秧苗机插质量。由表 3-3 可知，泰和试验点 5 个机插早稻品种间的栽插深度差异较小，平均栽插深度为 1.63cm；每穴株数以中嘉早 17 最多，达 3.45 株，03 优 66 最少，为 2.80 株；5 个机插早稻品种的伤秧率、漂秧率和漏插率均在 4.5% 以下，平均分别为 3.04%、1.80% 和 2.96%。其中，中嘉早 17 因播种均匀度高，其漏插率最低；另外，由于中嘉早 17 的秧苗素质总体优于 D 优秀 2 号，其机插伤秧率、漂秧率和漏插率均小于 D 优

秀 2 号，说明培育适合机插的健壮秧苗是提高机插质量，保证水稻高产的关键。

表 3 - 3　泰和试验点不同机插早稻品种的秧苗机插质量

品种	栽插深度/cm	每穴株数/株	伤秧率/%	漂秧率/%	漏插率/%
中嘉早 17	1.65	3.45	3.20	2.00	2.20
先农 37	1.62	3.22	2.80	3.00	2.60
D 优秀 2 号	1.63	3.02	3.50	2.50	3.80
春光 1 号	1.62	3.40	2.30	0.00	3.30
03 优 66	1.65	2.80	3.40	1.50	2.90

2. 茎蘖动态

图 3 - 1 为泰和和浮梁试验点不同机插早稻品种的茎蘖动态。由图 3 - 1 可知，泰和试验点的超级稻品种 03 优 66 和春光 1 号的分蘖力强，前中后期的茎蘖数明显多于其他供试品种，两个品种中期茎蘖数分别达 570.45 万/hm^2 和 553.35 万/hm^2，其余品种的茎蘖数依次为中嘉早 17、先农 37 和 D 优秀 2 号。浮梁试验点 5 个早稻品种生长前中后期的茎蘖数以超级稻品种 03 优 66 和春光 1 号最高，其次分别为淦鑫 203、优 I 1501 和 I 优 899。03 优 66 和春光 1 号两个超级稻品种，生长前中期均表现出较强的分蘖势，茎蘖数较高，增产潜力较大。浮梁试验点 5 个机插早稻品种生长前期因遇低温、寡照和多雨天气，分蘖缓慢，茎蘖数明显不足。分蘖动态反映了水稻生长的群体质量。D 优秀 2 号和 I 优 899 生长前中期分蘖少，导致有效穗

数过少，基本苗不足，难以高产。因此，在丘陵双季稻区应选择分蘖力强、成穗率高的早稻品种，以达到高产的目的。

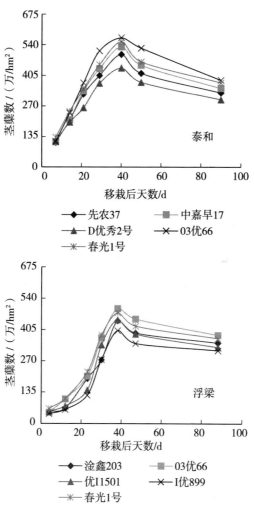

图 3-1　不同供试早稻品种的茎蘖动态

3. 产量和产量结构

由表 3-4 可知，泰和试验点 5 个机插早稻品种间的株高差异不明显，平均株高为 90.86cm，浮梁试验点 5 个机插早稻品种间的株高差异较大，淦鑫 203 的株高达 96.00cm，而优Ⅰ1501 仅为 88.67cm，相差 7.33cm。在产量结构方面，泰和和浮梁试验点 5 个品种的穗数均以 03 优 66 最高，分别达 384.30 万/hm² 和 380.85 万/hm²，说明这个品种的分蘖力强；泰和试验点 5 个品种间的穗粒数差异不明显，穗粒数均在 100 粒以上，平均穗粒数为 105.92 粒，浮梁试验点的穗粒数以淦鑫 203 最多，达 115.64 粒，与春光 1 号相差 17.82 粒；泰和试验点 5 个品种的结实率以 D 优秀 2 号最低，为 78.71%，浮梁试验点 5 个品种间的结实率差异不大，以优Ⅰ1501 最高，达 85.66%；2 个试验点 5 个品种间的千粒重相差不大，泰和试验点的平均千粒重为 25.64g，而浮梁试验点为 25.52g，两者相差 0.12g，说明两个试验点品种间的千粒重差异很小；泰和试验点 5 个品种的理论产量以中嘉早 17 最高，浮梁试验点以淦鑫 203 最高；两个试验点 5 个机插早稻品种，实际产量较高的中嘉早 17、先农 37、淦鑫 203 和 03 优 66 品种，尽管穗粒数和千粒重与其余供试品种差异不大，但其穗数和结实率较高，是保证高产的主要原因。

4. 品种综合评价

表 3-5 是 8 个供试机插早稻品种机械化种植的田间综合

表 3 - 4　不同机插早稻品种的产量和产量结构

地点	品种	株高/ cm	穗数/ （万/hm²）	穗粒数/ 粒	结实率/ %	千粒重/ g	理论产量/ （kg/hm²）	实际产量/ （kg/hm²）
泰和	中嘉早 17	90.00	348.30	115.30	88.66	26.10	9 292.95	6 779.25
	先农 37	92.00	328.50	104.90	85.61	26.20	7 729.20	6 069.00
	03 优 66	91.60	384.30	103.50	82.33	25.20	8 252.25	5 997.60
	春光 1 号	90.00	373.20	103.60	79.49	25.40	7 806.30	5 612.70
	D 优秀 2 号	90.70	297.90	102.30	78.71	25.30	6 068.70	5 466.15
浮梁	淦鑫 203	96.00	347.40	115.64	84.55	26.40	8 967.15	6 128.10
	03 优 66	89.67	380.85	108.19	81.46	25.50	8 559.00	6 087.00
	优 I 1501	88.67	328.35	108.80	85.66	25.40	7 772.85	6 012.45
	I 优 899	92.66	314.85	107.33	83.44	25.30	7 133.85	5 215.20
	春光 1 号	89.00	366.90	97.82	80.85	25.00	7 254.30	5 104.05

表现，由表3-5可知，品种中嘉早17、先农37、03优66和优Ⅰ1501的早熟性好、抽穗整齐、成熟期茎秆转色好、产量较高，适合丘陵双季稻区早稻机械化生产用种。春光1号的分蘖力强、早熟性较好，成熟期茎秆转色好，增产潜力大，较适合赣中南双季稻区早稻机械化生产用种。淦鑫203的生育期较长，若做早稻机插，不宜在赣北种植。D优秀2号和Ⅰ优899的分蘖力较弱、成熟期茎秆转色不好，抗病性和抗倒伏性较差，不适宜双季稻区早稻机械化生产用种。

表3-5　不同机插早稻品种的综合评价

品种	综合表现
中嘉早17	早熟性好、分蘖力强、抽穗整齐、成熟期茎秆转色好、产量高。适合双季稻区早稻机械化种植
先农37	生长整齐、早熟性好、分蘖力一般、成熟期茎秆转色好、产量较高。适合双季稻区早稻机械化种植
D优秀2号	早熟性好、抗倒伏性较差、分蘖力较弱、成熟期茎秆转色不好、丰产性较好、易感纹枯病。不适宜双季稻区早稻机械化种植
春光1号	分蘖力强、整齐度一般、早熟性较好，成熟期茎秆转色好，增产潜力大。较适合赣中南双季稻区早稻机械化种植
03优66	分蘖力强、整齐度和早熟性较好，成熟期茎秆转色好、产量较高。适合双季稻区早稻机械化种植
淦鑫203	分蘖力一般、整齐度较好、生育期较长，成熟期茎秆转色好、产量高。若做早稻机插，不宜在赣北种植
优Ⅰ1501	分蘖力一般、整齐度较好，成熟期茎秆转色好，可作早稻机械化生产用种
Ⅰ优899	分蘖力弱、整齐度一般、生育期较长，成熟期茎秆转色较好，产量较低。不适宜双季稻区早稻机械化种植

3.2 丘陵山区中稻机械化种植品种筛选

3.2.1 试验设计

于 2010 年 5～10 月在江西省赣州市崇义县（25°24′N，113°55′E）进行中稻种植试验。崇义县地貌以山地为主，属中亚热带季风湿润区，冬夏两季盛行季风，全年热量丰富，四季分明，雾日多，日照偏少，雨量充沛，空气湿度大，无霜期290d，年均温 17.8℃，年日照时数 1 538.5h，年降雨量 1 627.2mm。

试验设 5 个中稻品种，试验中稻品种特性见表 3-6。肥料施用量与方法如下：纯氮用量为 240.0kg/hm²，其中，基肥：蘖肥：穗肥：粒肥施用比例为 0.5：0.2：0.15：0.15；另外配施磷肥 75.0kg/hm²，做基肥一次施用；钾肥 270.0kg/hm²，分蘖肥：穗肥：粒肥施用比例为 0.5：0.3：0.2。前作空闲，机插行株距均为 30cm×11.7cm，南北行向，小区之间以埂相隔，小区面积为 450m²，3 次重复，供试中稻品种处理情况见表 3-7，其他栽培管理措施同当地高产栽培田。

表 3-6 供试中稻品种特性

品种	品种特性
D297 优明 86	全生育期 140d，株型整齐，熟期转色好，抗倒性较强，结实率高，中抗稻瘟病
两优培九	全生育期 143d，分蘖力强，后期转色好，中后期耐寒性一般，结实率偏低。中抗白叶枯病、轻感稻瘟病，不抗稻曲病

（续）

品种	品种特性
D 优 527	全生育期 140d，中抗稻瘟病，抗倒性较强
特优 627	全生育期 140d，群体整齐，结实率高，熟期转色好，抗倒性较强，中抗稻瘟病
扬两优 6 号	全生育期 134.1d，茎秆粗壮，抗病性中等

表 3 - 7　供试中稻品种及其处理情况

品种	播种期/（月/日）	移栽期/（月/日）	收获期/（月/日）	育秧方法	前茬作物	耕整机械名称	插秧机械名称	收割机械名称
D297 优明 86	5/22	6/13	10/6	塑膜育秧	空闲	CF151 型旋耕机	东洋牌手扶插秧机 PF455S	广联牌 4LZ-1.5 联合收割机
两优培九	5/22	6/13	10/6					
D 优 527	5/22	6/13	10/6					
特优 627	5/22	6/13	10/6					
扬两优 6 号	5/22	6/13	10/6					

3.2.2　测定项目与方法

秧苗素质、茎蘖动态、产量和产量结构及品种综合评价等的测定方法同 3.1.2 部分。

3.2.3　结果与分析

1. 秧苗素质

表 3 - 8 为不同供试中稻品种的秧苗素质。由表 3 - 8 可

知，5 个中稻品种秧苗的叶龄、单株根数和茎基宽之间差异较小。株高、百苗鲜重和播种均匀度之间差异较大。株高以品种 D 优 527 为最高，达 14.85cm，其次为 D297 优明 86，两优培九的株高最矮，仅为 12.23cm；百苗鲜重以 D 优 527 最高，达 25.5g，其次为 D297 优明 86，扬两优 6 号最低，仅 22.1g；播种均匀度以 D 优 527 最高，达 85.14%，其次为 D297 优明 86、两优培九和扬两优 6 号，而特优 627 最低，仅为 79.36%。

表 3-8　不同供试中稻品种的秧苗素质

品种	株高/cm	叶龄/叶	单株根数/条	单株茎基宽/cm	百苗鲜重/g	播种均匀度/%
D 优 527	14.85	3.50	12.40	0.29	25.5	85.14
D297 优明 86	14.58	3.41	11.28	0.27	24.6	84.36
两优培九	12.23	3.79	10.92	0.26	22.6	83.56
扬两优 6 号	13.18	3.94	10.06	0.27	22.1	81.23
特优 627	13.45	3.92	10.38	0.28	22.4	79.36

2. 茎蘖动态

图 3-2 为不同供试水稻品种的茎蘖动态。由图 3-2 可以看出，茎蘖数以 D 优 527 最高，其次为 D297 优明 86、两优培九、特优 627 和扬两优 6 号。分蘖动态反映了水稻生长的群体质量，分蘖少，导致有效穗数过少，基本苗不足，难以高产；分蘖过多，争抢养分和光能，无效分蘖增多，分蘖成穗率降低，亦减少有效穗数。

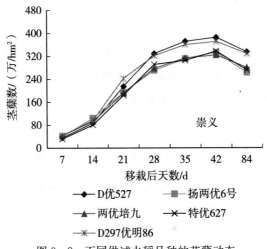

图 3-2　不同供试水稻品种的茎蘖动态

3. 产量和产量结构

　　表 3-9 为不同供试中稻品种的产量与产量结构。由表 3-9 可知，5 个品种的实际产量和理论产量均以 D 优 527 最高，分别达 9.590t/hm² 和 10.755t/hm²，其次为 D297 优明 86，其实际产量和理论产量分别为 8.900t/hm² 和 10.445t/hm²，而品种特优 627 的实际产量最低，仅为 8.418t/hm²。品种 D 优 527 高产的原因是因其有效穗数最多，而结实率亦较高。供试中稻品种其株高、有效穗数、每穗粒数、结实率和千粒重均有明显差异。株高以 D 优 527 和扬两优 6 号最高，均为 117.0cm，D297 优明 86 最矮，仅 110.0cm，相差 7.0cm。有效穗数以 D 优 527 最多，达 334.95 万/hm²，其次为 D297 优明 86，而扬两优 6 号以 292.50 万/hm² 最少。品种扬两优 6

号的结实率最高，为 90.54%，其次为 D 优 527，而特优 627
以 85.77% 最低。扬两优 6 号千粒重的最高，达 32.2g，其
次为 D 优 527 为 31.7g，D297 优明 86 最低为 29.2g，各品种
间千粒重最大相差达 3g。

表 3-9　不同供试中稻品种的产量与产量结构

品种	株高/ cm	有效穗数/ (万/hm²)	每穗粒数	结实率/ %	千粒重/ g	理论产量/ (t/hm²)	实际产量/ (t/hm²)
D 优 527	117.0	334.95	114.5	88.44	31.7	10.755	9.590
D297 优明 86	110.0	328.80	123.4	88.17	29.2	10.445	8.900
两优培九	114.0	295.80	127.6	86.97	29.6	9.716	8.798
扬两优 6 号	117.0	292.50	113.6	90.54	32.2	9.687	8.676
特优 627	113.0	271.65	135.0	85.77	30.2	9.499	8.418

4. 品种综合评价

表 3-10 为不同供试中稻品种的田间综合表现。由表 3-10
可知，品种 D 优 527、D297 优明 86 和两优培九其长势长相
好，成熟期一致，分蘖力强，抗病性好，结实率高，根数多，
秧苗素质较好，同时其实际产量亦高，较适合山地区域作为中
稻机械化生产用种。而品种特优 627 长势长相一般，分蘖力较
弱，结实率低，单株根数，单株茎基宽，百苗鲜重和播种均匀
度均低于其他品种，秧苗素质差，不适宜作为山地区域中稻机
械化生产用种。

表 3 - 10　不同试验点供试中稻品种的综合评价

品种	综合表现
D 优 527	长势长相好，成熟一致，分蘖力强，抗病性较好，籽粒饱满。适宜机械化种植
D297 优明 86	长势长相好，成熟一致，分蘖力较强，抗病性较好，籽粒充实度好。较适宜机械化种植
两优培九	长势长相好，成熟一致，分蘖力较强，籽粒充实度好。较适宜机械化种植
扬两优 6 号	长势长相较好，成熟一致，抗病性较好，籽粒充实度较好。较适宜机械化种植
特优 627	长势长相较好，成熟一致，分蘖力一般，籽粒充实度一般。不适宜机械化种植

3.3　丘陵山区晚稻机械化种植品种筛选

3.3.1　试验设计

于 2010 年 5～11 月在江西省吉安市泰和县（26°47′N，114°54′E）和景德镇市浮梁县（29°21′N，117°13′E）进行双季晚稻种植试验。泰和县境内地貌以低浅丘陵为主，属亚热带季风气候，气候温和，日照充足，雨量充沛。年平均气温 18.6℃，年平均无霜期 280d，年平均降水量 1 370.5mm，主要集中在夏季，具有四季分明、雨热同季、无霜期长等气候特点，对农作物生长十分有利。泰和试验点耕作层土壤含有机质 29.30g/kg、全氮 1.44g/kg、碱解氮 147.00mg/kg、速效磷

19.80mg/kg、速效钾 94.00mg/kg。浮梁县境内以中低山和丘陵为主，雨量充沛，光照充足，属中亚热带潮湿天气，年平均气温 17℃，年降水量 1 764mm。浮梁试验点耕作层土壤含碱解氮 243.20mg/kg、速效磷 75.20mg/kg 和速效钾 70.80mg/kg。

2 个试验点均设 5 个晚稻品种。肥料施用量与方法如下：纯氮用量为 150.0kg/hm²，其中，基肥：蘖肥：穗肥：粒肥施用比例为 0.5：0.2：0.15：0.15；另外配施磷肥（过磷酸钙，P_2O_5 含量为 12%）75.0kg/hm²，做基肥一次施用；钾肥（氯化钾，K_2O 含量为 60%）150.0kg/hm²，分蘖肥：穗肥：粒肥施用比例为 0.5：0.3：0.2。前茬为早稻，机插行株距均为 30cm×11.7cm，南北行向，小区面积约为 450m²，3 次重复，供试晚稻品种处理情况见表 3 - 11，其他大田管理措施相同。

表 3 - 11　供试晚稻品种及其处理情况

地点	品种	播种期/ (月/日)	移栽期/ (月/日)	收获期/ (月/日)	育秧 方法	前茬 作物	耕整机械 名称	插秧机械 名称	收割机械 名称
	先农 20	7/10	7/27	10/31					
	岳优 9113	7/10	7/27	11/5					
泰和	威优 819	7/10	7/27	10/31	软盘淤泥育秧	早稻	赣发 151 旋耕机	"禾缘"牌 4 行插秧机	龙舟 1.8 联合收割机
	Ⅱ优 418	7/10	7/27	10/31					
	金优 258	7/10	7/27	11/5					
	丰优 9 号	7/6	8/4	11/17					
	岳优 9113	7/6	8/4	11/17					
浮梁	汕优晚 3	7/6	8/4	11/17	硬盘淤泥育秧	早稻	赣发 151 旋耕机	"禾缘"牌 4 行插秧机	龙舟 1.8 联合收割机
	荣优 225	7/6	8/4	11/17					
	蓉优 5 号	7/6	8/4	11/17					

3.3.2 测定项目与方法

秧苗素质、茎蘖动态、产量和产量结构和品种综合评价等的测定方法同 3.1.2 部分。

3.3.3 结果与分析

1. 秧苗素质

表 3-12 为 2 个试验点不同供试晚稻品种的秧苗素质。由表 3-12 可知，泰和试验点 5 个晚稻品种秧苗的株高、叶龄和单株茎基宽差异不明显；品种Ⅱ优 418 的单株根数明显高于其他品种；百苗鲜重以品种Ⅱ优 418 最高，其次为岳优 9113 和先农 20，而威优 819 的最低；播种均匀度以Ⅱ优 418 最高，其次为岳优 9113，其余供试品种差异不明显。

浮梁试验点 5 个晚稻品种秧苗的株高差异较大，最高为岳优 9113，达 28.82cm，其次为丰优 9 号，而汕优晚 3 的株高最低，为 24.94cm；品种之间叶龄差异不大，最大为蓉优 5 号，最小为丰优 9 号；品种之间单株根数差异明显，以岳优 9113 最多，达 23.12 条，品种汕优晚 3 最少，仅 20.64 条；不同品种间的播种均匀度差异很大，岳优 9113 的播种均匀度最高，为 89.36%，依次为丰优 9 号、荣优 225 和蓉优 5 号，播种均匀度最小的为汕优晚 3，仅为 71.79%。

表 3 - 12　不同供试晚稻品种的秧苗素质

地点	秧龄/ d	品种	株高/ cm	叶龄/ 叶	单株根 数/条	单株茎 基宽/cm	百苗鲜 重/g	播种均 匀度/%
泰和	17	Ⅱ优 418	23.65	4.54	15.61	0.38	38.4	91.05
		岳优 9113	23.52	4.49	14.53	0.37	36.2	90.65
		先农 20	22.53	4.53	13.32	0.32	36.1	85.34
		金优 258	21.61	4.87	12.94	0.32	34.1	87.04
		威优 819	21.52	4.17	12.82	0.33	32.5	84.56
浮梁	29	岳优 9113	28.82	4.37	23.12	0.47	56.3	89.36
		丰优 9 号	27.29	4.23	23.08	0.45	46.5	88.67
		荣优 225	27.03	4.73	18.08	0.36	40.4	88.36
		蓉优 5 号	25.35	4.99	20.84	0.38	36.4	85.46
		汕优晚 3	24.94	4.66	20.64	0.28	38.6	71.79

2. 茎蘖动态

图 3 - 3 为 2 个试验点供试晚稻品种的茎蘖动态。由图 3 - 3 中可以看出，泰和试验点的晚稻品种Ⅱ优 418 后期茎蘖数最高，达 415.95 万/hm²，其次分别为岳优 9113、先农 20 和威优 819，而金优 258 的茎蘖数后期最少，仅 370.35 万/hm²。浮梁试验点茎蘖数以岳优 9113 最高，其次分别为蓉优 5 号、丰优 9 号、汕优晚 3 和荣优 225。茎蘖动态反映了晚稻生长的群体质量，分蘖少，导致有效穗数过少，基本苗不足，难以高产；分蘖过多，争抢养分和光能，无效分蘖增多，分蘖成穗率降低，亦减少有效穗数。

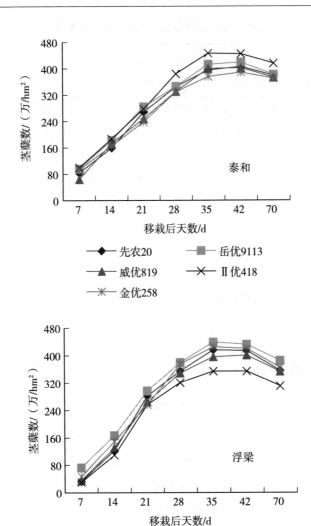

图 3-3 不同供试晚稻品种的茎蘖动态

3. 产量和产量结构

表 3-13 为 2 个试验点不同供试晚稻品种的产量与产量结构。由表 3-13 可知，泰和试验点实际产量以品种Ⅱ优 418 最高，达 6.855t/hm²，其次为岳优 9113，达 6.713t/hm²，威优 918 以 5.882t/hm² 产量最低，Ⅱ优 418 的理论产量亦最高。Ⅱ优 418 的实际产量和理论产量最高的原因是其有效穗数和结实率均最高，其每穗粒数亦较高。5 个品种之间的有效穗数，每穗粒数和结实率均有较大差异。有效穗数以Ⅱ优 418 最高，达 415.95 万/hm²，其次为岳优 9113，金优 258 以 370.35 万/hm² 最低。每穗粒数以岳优 9113 最高，其次为先农 20，最低为威优 819，每穗粒数最大相差 9.4 粒。Ⅱ优 418 的结实率最高，达 81%，其次岳优 9113 为 80.2%，金优 258 以 75% 最低。株高以Ⅱ优 418 最高，为 95cm，其次为先农 20，最低为金优 258，为 91.5cm，差距较小，最大仅为 3.5cm。千粒重 5 个品种之间亦有一定差距，岳优 9113 最高为 27.1g，而金优 258 最低为 25.2g，两者相差 1.9g。

浮梁试验点实际产量以岳优 9113 最高，达 6.637t/hm²，其次为丰优 9 号和荣优 225，分别为 6.193t/hm² 和 6.191t/hm²，而品种汕优晚 3 的实际产量最低，仅为 5.557t/hm²。品种岳优 9113 的理论产量亦最高，达 8.658t/hm²。岳优 9113 实际产量和理论产量最高的原因是其有效穗数最高，结实率和千粒重均处于较高水平。5 个品种之间株高、有效穗数、每穗粒数和结实率 5 个品种之间均有一定差异。蓉优 5 号株高最高为

98.0cm，丰优 9 号株高最低为 90.0cm，二者相差 8cm。有效穗数以岳优 9113 最高，达 384.60 万/hm²，其次为蓉优 5 号，而荣优 225 的有效穗数最低，仅为 310.50 万/hm²。每穗粒数以荣优 225 最高，为 139.4 粒，其次为蓉优 5 号，岳优 9113 以 109.5 粒最低。5 个品种之间千粒重无显著差异，平均为 25.68g。

表 3-13　不同供试晚稻品种的产量与产量结构

地点	品种	株高/cm	有效穗数/(万/hm²)	穗粒数	结实率/%	千粒重/g	理论产量/(t/hm²)	实际产量/(t/hm²)
泰和	Ⅱ优 418	95.0	415.95	100.6	81.00	26.4	8.948	6.855
	岳优 9113	93.5	381.75	105.1	80.20	27.1	8.717	6.713
	先农 20	94.3	378.90	102.8	79.07	26.5	8.162	6.490
	金优 258	91.5	370.35	99.8	75.00	25.2	6.986	6.076
	威优 819	92.6	373.20	95.7	75.64	26.2	7.081	5.882
浮梁	岳优 9113	90.0	384.60	109.5	78.71	26.1	8.658	6.637
	丰优 9 号	94.0	356.10	113.5	80.25	25.7	8.336	6.193
	荣优 225	90.0	310.50	139.4	75.52	25.4	8.307	6.191
	蓉优 5 号	98.0	364.65	122.3	75.72	25.2	8.515	6.065
	汕优晚 3	95.7	353.25	121.8	73.43	26.0	8.218	5.557

4. 品种综合评价

表 3-14 为 2 个试验点不同供试晚稻品种的田间综合表现。由表 3-14 可知，泰和试验点，品种Ⅱ优 418、岳优 9113 和先农 20 长势长相好，成熟一致，抗病性好，且分蘖

力强，籽粒充实度高，生长表现好，同时其产量较高，单株根数，单株茎基宽，百苗鲜重和播种均匀度均高于其他品种，叶龄适宜，高度适中，秧苗素质好，较适合低丘地区作为晚稻机械化生产用种。而金优258分蘖力较弱，且结实率低，秧苗素质亦较差，不适宜作为低丘地区晚稻机械化生产用种。

在浮梁试验点，品种丰优9号、岳优9113和蓉优5号长势长相好，成熟一致，籽粒饱满，抗病性好，同时其单株根数，单株茎基宽，百苗鲜重和播种均匀度均高于其他品种，叶龄适宜，高度适中，秧苗素质好，实际产量和理论产量均较高，较适合高丘地区作为晚稻机械化生产用种。品种荣优225成熟度不一致，且结实率低，秧苗素质差，不适宜作为高丘地区晚稻机械化生产用种。

表 3-14　不同供试晚稻品种的综合评价

地点	品种	综合表现
泰和	Ⅱ优418	长势长相好，成熟一致、分蘖力强，抗病性好，籽粒充实度好。适宜机械化种植
	岳优9113	长势长相较好，成熟一致，抗病性较好，籽粒充实度好。较适宜机械化种植
	先农20	长势长相好，成熟一致、分蘖力强，抗病性好，籽粒充实度好。较适宜机械化种植
	金优258	长势长相好，成熟一致、分蘖力一般，抗病性好，籽粒充实度不好，秕粒较多。不适宜机械化种植
	威优819	长势长相较好，成熟一致，抗病性较好，籽粒充实度一般。不适宜机械化种植

（续）

地点	品种	综合表现
浮梁	岳优 9113	长势长相较好，成熟一致，抗病性较好，籽粒充实度好。适宜机械化种植
	丰优 9 号	长势长相好，成熟一致、分蘗力较强，抗病性较好，籽粒充实度好。较适宜机械化种植
	荣优 225	长势长相一般，成熟不一致，青秕粒较多。不适宜机械化种植
	蓉优 5 号	长势长相好，成熟一致、分蘗力一般，抗病性好，籽粒充实度，茎秆转色好，籽粒饱满。较适宜机械化种植
	汕优晚 3	长势长相较好，成熟一致，籽粒充实度一般。不适宜机械化种植

第 4 章

丘陵山区水稻机械化种植技术

　　水稻是我国种植面积最大的粮食作物之一，约占中国粮食作物种植面积的 34%。2020 年全国水稻综合机械化水平83.73%，其中机械化种植水平仅为 53.89%（中国农业年鉴编辑委员会，2021），水稻机械化种植环节已经成为制约水稻全程机械化发展的瓶颈。南方丘陵区是双季稻主要种植区，双季稻种植面积约占全国水稻种植面积的 49%，发展双季稻生产对于保障国家粮食安全与社会稳定具有极其重要的战略意义。随着中国经济的迅速发展和农村劳动力的大量转移，南方丘陵山区劳动力季节性短缺矛盾日益突出，用工成本增加，双季稻生产迫切需要以机械化作业为核心的现代稻作技术，农机农艺融合成为发展南方丘陵双季稻生产和保证口粮安全的重要保障。自 2004 年实施农机购置补贴政策以来，我国水稻机械化生产水平得到显著提升。南方丘陵山区地形地貌复杂，田块小，不规则，农村经济水平较低，导致机械化生产水平较低（王晓文等，2022）。针对南方丘陵区双季稻种植插秧机行距过大、基本苗不足，育秧物化产品缺乏、秧苗素质差，种植环节农机农艺技术不融合等突出问题，研发适应南方丘陵区双季稻生产的机械化育插秧技术及装备，为南方丘陵区双季稻丰产、高效生产提供技术装备支撑。研究结果将有助于提高丘陵区双季稻种植机械化水平和助推当地农业机械化高质量发展。

4.1　8寸*插秧机及配套育秧盘

目前，我国水稻生产的机械化种植水平较低，市场供应插秧机虽然品种繁多，有多行乘坐式、手扶式等产品，产品性能优良，其生产技术和核心部件大多由国外引进，且大部分行距都固定为300mm（9寸），这种行距在我国单季稻区应用反映良好。长江中游丘陵双季稻区由于受气温、光照限制，生育期相对较短，有效分蘖时间受限，300mm（9寸）行距插秧机行距过大，每公顷穴数和基本苗偏少，有效穗数不足，既不利于构建高产群体，也不利于光照和水肥资源的充分利用，不能充分发挥机插稻的增产潜力（马振国等，2012；沈才标等，2012）。国内外学者就行株距或栽插密度对机插稻产量的影响研究报道较多（吕伟生等，2019；邢志鹏等，2015；黄大山，2008；胡雅杰等，2013），机插稻移栽密度过小或过大均不利于高产（叶厚专等，2012），合理密植利于机插稻个体与群体生长发育。这些研究主要侧重于田间农艺试验研究，而对窄行插秧机的设计和改进研发的研究较少，国内外目前对于

---

　*　寸为非法定计量单位，3寸＝10cm。下同——编者注。

264mm（8 寸）行距插秧机的研究尚无相关报道。笔者通过多年田间农艺试验证明，采用 264mm（8 寸）种植行距的水稻均比 231mm（7 寸）和 300mm（9 寸）种植行距的水稻增产（李艳大等，2014b）。因此，笔者提出将我国现行的 300mm 插秧机的行距改为 264mm，在消化吸收国内外先进技术的基础上，用机械优化设计方法和田间农艺技术试验相结合，完成了插秧机关键部件有机组合，改进研制出适合我国南方丘陵双季稻区生产的 2ZS-488B 型（264mm 行距）步进式手扶插秧机。这对提高我国南方丘陵双季稻区的产量、综合效益、机械化种植水平具有十分重要的现实意义。

4.1.1　总体结构与工作原理

2ZS-488B 型步进式手扶插秧机主要结构见图 4-1。其中，插植部是插秧机的主要工作部件，由取秧器及其驱动机构和轨迹控制机构组成。取秧器在驱动机构的驱动和轨迹控制机构的控制下，按照一定的轨迹从秧箱中分取一定数量的秧苗并将其插入泥中，然后返回原始位置开始下一次循环动作。该机采用反冲式启动器启动，机械换挡变速链传动行走，前进 2 挡，后退 1 挡，株距调节 6 挡，配套动力为汽油机 3.3/3600（kW/rpm），向前进方向插秧；插植部分通过链轮系传动，采用曲柄摇杆机构实现插秧动作，由安装在插植臂内的凸轮推秧器完成同步推秧；苗箱安装在上下两根导轨上，由链轮系驱动螺旋轴实现苗箱左右移送；仿形功能是通过中间浮板的上下动作连动油压阀，控制仿形油缸伸缩，油缸推拉仿形臂使机身升降达到仿形之目的。

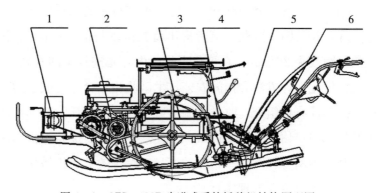

图 4-1　2ZS-488B 步进式手扶插秧机结构原理图
1. 发动机　2. 齿轮箱　3. 传动箱　4. 插植部　5. 插植臂　6. 手把部分

4.1.2　关键部件设计

1. 插植部传动箱改进设计

传动箱内的螺旋轴是控制苗箱可靠平稳横向移动的关键零件，螺距和行程是螺旋轴的主要参数。在维持原机型动力传递参数不变的总体设计框架下，为保证取秧面积不变，新机型的螺旋轴不改变螺距。但插秧机的行距变小后，螺旋轴行程相应变小，插植部传动箱体也要缩短。同时，为保证各单行苗箱的秧苗互相不干涉，各单行苗箱之间的隔断筋宽度维持原机型的尺寸。螺旋轴的总行程（李宝筏，2003）：

$$S_s = B_s - b_1 - b_2 - 2\Delta b_s$$

式中：S_s——螺旋轴行程/mm；

B_s——行距/mm；

b_1——苗箱隔断筋宽度/mm；

b_2——秧门宽度/mm；

Δb_s——秧爪与秧门的侧向间隙/mm，取 1.5mm。

其中：$B_s = 8 \times 33 = 264$mm，$b_1 = 20$mm，$b_2 = 20$mm，$\Delta b_s = 1.5$mm，因此，苗箱移动的总行程，也即螺旋轴的总行程为：$B_s = 264 - 20 - 20 - (2 \times 1.5) = 221$mm，螺旋轴的其他参数，仍与原机型的参数一致，以增加零部件的通用性。

2. 苗箱改进设计

为保证秧针能取完一排带土秧苗，理论上单行苗箱宽度应该是苗箱移动的总行程加上秧针的宽度，即 $221 + 14 = 235$mm。但考虑到秧针工作时的抖动，为防止秧针碰苗箱隔断筋，加之秧针取秧时的剪切作用，因此，实际设计均以秧门宽度来计算。因此，单行苗箱宽度为：$L = S_s + b_2 = 221 + 20 = 241$mm。苗箱的总宽度为：$241 \times 4 + 20 \times 5 = 1\,064$mm，比原机型减少 156mm。见图 4 - 2。

3. 支架改进设计

行距由 300mm 缩小至 264mm 后，左右两端的两个插植臂 1 和 4 几乎正对着行走轮，在田间不平的情况下，行走轮与插植臂就会产生干涉。为了避免干涉，需要加大行走轮与插植臂 1 和 4 之间的距离。为减少零部件的过多改动和插秧机质心坐标的过大改变，通过将中间支架加长 50mm，将分插机构整体

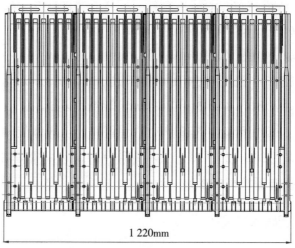

1 220mm

改进前

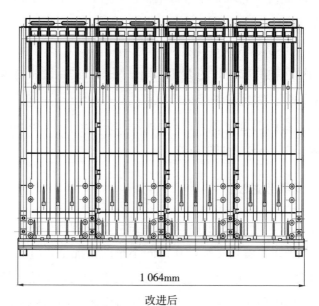

1 064mm

改进后

图 4-2 苗箱改进图

往后移，避免了行走轮与插植臂相互干涉。中间支架加长后，其改进图如图4-3。

行距变小，插植臂的间距也要变小，左右支架高度也要相应的缩短。其变化如图4-4。

4. 浮板改进设计

行距改变后，中间浮板后端会与中间两个插植臂2和3发生干涉，并且会产生"涌泥"掩埋已插秧苗的现象。为了避免干涉和插秧机行进过程中浮板产生的"涌泥"对已插的秧苗造成掩埋，同时保证浮板承压面积和接地压力基本不变。根据行距的大小，将中间浮板后端宽度缩小到175mm，比原机型窄了52mm；中间浮板总长度增加到1 715mm，比原机型加长了50mm。中间浮板前端的尺寸不变。改进后，中间浮板总体承压面积比原机型减少77 830mm^2。但由于插植部箱体、苗箱及苗箱导轨、滑杆等许多零部件变小、缩短，新机型总体质量减轻，仍能保持接地压力基本不变。其改进设计如图4-5所示。

4.1.3　配套育秧盘研发

利用与8寸插秧机配套的硬盘育秧，不但能培育出符合机插要求的秧苗，而且具有省工、省力、省种和增产的效果，培育的秧苗健壮，根系发达。据调查，用硬盘育秧成本费用比人工传统育秧要低375元/hm^2，有利于增加农民收入。目前市场上销售的育秧盘主要分为硬盘和软盘两种。其中育秧硬盘具

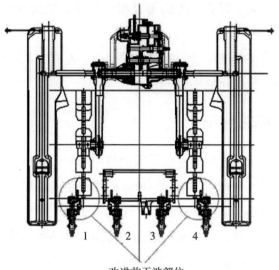

改进前干涉部位

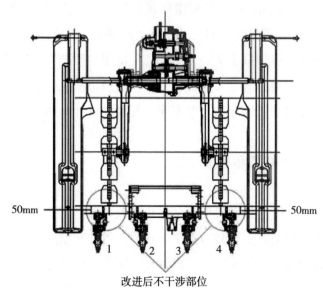

改进后不干涉部位

图 4-3 中间支架改进图

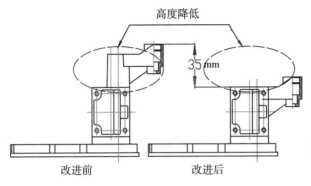

图4-4 左右支架改进图

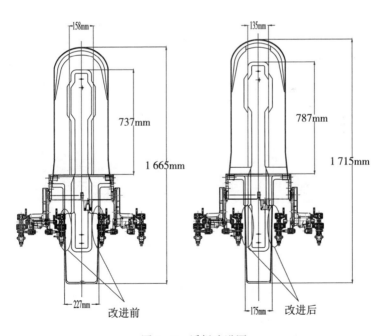

图4-5 浮板改进图

有不霉烂、平整不变形、强度高、柔韧性好，不脆化、不软化和可重复使用（一般至少可使用5年以上）等优点，育出的秧块规格整齐，插秧质量好。但其成本相对较高，且体积较大，存放占用空间（陈立才等，2018）。

育秧盘的规格应该与8寸插秧机苗箱规格相吻合，理论上宽度尺寸应一致，长度尺寸应比苗箱短。但实际上，为了保证整块毯状带土秧苗不"架空"，不"堵塞"，育秧盘的宽度总是比苗箱宽度稍小。9寸插秧机苗箱宽度为285mm，配套秧盘的宽度只有280mm（实际只有277mm左右）。8寸（行距264mm）插秧机配套秧盘的宽度定为230mm。考虑到宽度缩小后，如果长度不变，从秧盘中取出秧苗时容易发生中间折断现象，因此长度方向也适当缩短。秧盘内空规格为550mm×230mm（长×宽）。秧盘高度及其他参数保持与9寸插秧机秧盘一致。见图4-6。

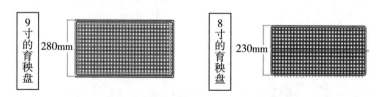

图4-6　8寸插秧机育秧盘改进图

秧盘规格变更后，每亩大田所需要的秧盘数量也随之增加。9寸插秧机秧盘每亩需要量约22盘，而8寸插秧机的秧盘就需要28盘，增加6盘，尽管8寸插秧机秧盘价格可能会低一点，但因秧盘数量增加使得成本增加，成本的增加可以靠8寸插秧机增产来弥补。

4.1.4　机具性能试验

为验证改进后插秧机的作业性能和增产效应，样机于2011 年和 2012 年在江西省吉安市泰和县和景德镇市浮梁县进行了早、晚稻机插试验。试验设 264mm 和 300mm 两个机插行距和 8 个早、晚稻品种，分别用尺寸长×宽为550mm×230mm 和 580mm×280mm 的硬盘育秧，用笔者自主改进设计的 2ZS-488B 型和"久保田"2ZS-4 型插秧机（300mm 行距）进行栽插，株距均为 117mm，南北行向种植，小区面积 200m²，3 次重复。试验田土质较好，采用拖拉机旋耕，人工平整，整田后沉实 2d，泥脚深 100～250mm，平整度高，比较符合插秧机作业要求。试验田间施肥水平为纯氮150kg/hm²、P_2O_5 75kg/hm²、K_2O 150kg/hm²，其他同当地大田管理，供试早、晚稻育插秧处理见表 4-1。

表 4-1　不同机插行距早、晚稻育插秧处理

季别	育秧硬盘/mm	每盘播量/g	育秧方法	取秧量	栽插深度
早稻	550×230	85	淤泥育秧	中等	浅
	580×250	100			
晚稻	550×230	85	淤泥育秧	中等	浅
	580×250	100			

4.1.5　结果与分析

由表 4-2 可知，2ZS-488B 型 8 寸插秧机的漂秧率、伤

秧率和漏插率平均值分别为 1.55％、2.68％和 1.93％，相对均匀度合格率达到 89.54％，插秧机作业质量能满足要求，主要作业指标均达到设计要求。

表 4-2　2ZS-488B 型秧苗机插质量

年份	地点	插深/mm	每穴株数/株	漂秧率/%	伤秧率/%	漏插率/%	相对均匀度合格率/%
2011	泰和	16.2	3.10	1.55	2.51	1.86	89.49
	浮梁	13.8	3.10	1.69	3.40	2.48	87.78
2012	泰和	18.9	3.55	1.36	2.44	1.34	90.34
	浮梁	18.6	3.85	1.58	2.38	2.05	90.54
平均		16.9	3.40	1.55	2.68	1.93	89.54

由表 4-3 可知，2 个试验点供试早、晚稻品种每公顷的有效穗总数，264mm 行距均比 300mm 行距显著增多，且晚稻比早稻差异显著；同一品种不同行距的穗粒数相差不大，千粒重和结实率差异不明显；供试的早、晚稻品种 264mm 行距的理论产量和实际产量均大于 300mm 行距，且晚稻比早稻增产效果显著。如岳优 9113，264mm 行距的理论产量和实际产量分别为 9 582.07kg/hm² 和 7 490.40kg/hm²，而 300mm 行距的理论产量和实际产量分别为 8 495.34kg/hm² 和 6 801.90kg/hm²，两者分别相差 1 086.73kg/hm² 和 688.50kg/hm²，实际增产率达 10.12％。说明改进设计的新机型增加早、晚稻栽植密度，改变了双季稻群体结构，从而增加了单位面积有效穗数，达到提高双季稻单位面积产量的效果，满足了南方丘陵双季稻机械化生产高产、高效的要求。

表4-3　不同机插行距的产量和产量结构

地点	年份	季别	品种	行距/mm	有效穗数/(10⁴/hm²)	穗粒数/粒	千粒重/g	结实率/%	理论产量/(kg/hm²)	实际产量/(kg/hm²)
泰和	2011	早稻	先农37	264	396.00a	98.35a	25.99a	83.54a	8 456.10a	6 600.60a
				300	371.25b	97.26a	26.57a	84.39a	8 096.24b	6 489.00a
			中嘉早17	264	398.25a	110.60a	24.71a	82.91a	9 023.82a	7 083.90a
				300	363.30b	108.02a	24.56a	82.50a	7 951.55b	6 977.55a
		晚稻	丰源优299	264	350.85a	131.86a	24.40a	83.64a	9 441.44a	7 063.20a
				300	334.05b	134.14a	24.18a	83.49a	9 046.08b	5 845.05b
			岳优9113	264	408.75a	107.89a	26.15a	83.09a	9 582.07a	7 490.40a
				300	354.30b	109.30a	26.11a	84.02a	8 495.34b	6 801.90b
	2012	早稻	先农37	264	326.99a	97.10a	27.64a	87.54a	7 682.42a	6 922.65a
				300	317.66b	101.83a	26.62a	90.34a	7 779.05a	6 399.75b
		晚稻	丰源优299	264	314.04a	126.10a	24.92a	84.01a	8 290.47a	6 789.75a
				300	233.62b	138.88a	25.32a	85.51a	7 024.74b	6 239.70b

（续）

地点	年份	季别	品种	行距/mm	有效穗数/(10⁴/hm²)	穗粒数/粒	千粒重/g	结实率/%	理论产量/(kg/hm²)	实际产量/(kg/hm²)
浮梁	2011	早稻	奢优3号	264	444.15a	85.29a	24.72a	85.12a	7 970.91a	6 061.20a
				300	396.00b	80.97a	25.09a	84.14a	6 768.97b	5 966.25a
			淦鑫203	264	390.15a	86.60a	26.16a	84.21a	7 443.05a	6 192.00a
				300	383.70b	87.42a	25.88a	82.39a	7 152.23b	5 984.10a
		晚稻	丰优9号	264	426.75a	96.22a	25.23a	76.62a	7 937.77a	7 359.60a
				300	394.95b	94.09a	24.65a	77.48a	7 097.28b	6 324.30b
			五丰优T025	264	393.15a	117.55a	21.48a	72.96a	7 242.69a	6 480.45a
				300	314.25b	123.97a	22.37a	73.10a	6 370.53b	5 589.45b
	2012	早稻	淦鑫203	264	401.45a	90.69a	26.26a	84.42a	8 071.07a	6 733.20a
				300	374.64b	95.67a	26.01a	82.92a	7 730.18b	6 303.75b
		晚稻	丰优9号	264	367.46a	109.86a	24.28a	84.02a	8 235.34a	7 078.05a
				300	340.46b	106.42a	23.33a	85.45a	7 222.98b	6 520.28b
			五丰优T025	264	356.13a	119.44a	20.69a	80.93a	7 122.43a	6 717.00a
				300	333.33b	122.27a	20.96a	81.34a	6 943.48b	6 248.33b

不同小写字母表示差异显著（$P<0.05$），下同。

　　由表 4-4 可以看出，各供试早稻品种 264mm 行距的实际产量显著高于 300mm 行距，其中，丰源优 299 增产效果最明显，264mm 行距的产量显著高于 300mm，增产 1 218.15kg/hm² ，增产率为 20.84%，2 个试验点供试水稻品种 264mm 行距比 300mm 行距平均增产 529.43kg/hm²，平均增产率达 8.57%，说明了 264mm 行距比 300mm 行距增产效果明显。

表 4-4　不同机插行距的增产效应比较

地点	年份	季别	品种	行距/mm		264mm 行距增产效果	
				264	300	增产量/(kg/hm²)	增产率/%
泰和	2011	早稻	先农 37	6 600.60a	6 489.00a	111.60	1.72
			中嘉早 17	7 083.90a	6 977.55a	106.35	1.52
		晚稻	丰源优 299	7 063.20a	5 845.05b	1 218.15	20.84
			岳优 9113	7 490.40a	6 801.90b	688.50	10.12
	2012	早稻	先农 37	6 922.65a	6 399.75b	522.90	8.17
		晚稻	丰源优 299	6 789.75a	6 239.70b	550.05	8.82
浮梁	2011	早稻	蓉优 3 号	6 061.20a	5 966.25a	94.95	1.59
			淦鑫 203	6 192.00a	5 984.10b	207.90	3.47
		晚稻	丰优 9 号	7 359.60a	6 324.30b	1 035.30	16.37
			五丰优 T025	6 480.45a	5 589.43b	891.02	15.94
	2012	早稻	淦鑫 203	6 733.20a	6 303.75b	429.45	6.81
		晚稻	丰优 9 号	7 078.05a	6 520.28b	557.77	8.55
			五丰优 T025	6 717.00a	6 248.33b	468.67	7.50
	平均			6 813.23a	6 283.80b	529.43	8.57

4.2 不同播种量与育秧盘的育秧对比

4.2.1 试验设计

不同播种量的育秧对比试验：于 2016 年在江西省南昌市南昌县进行。试验设 3 个播种量，分别为每盘干谷种 60g（D1）、70g（D2）、80g（D3）共 3 个处理。试验采用河南青源天仁生物技术有限公司研制的可降解秧盘育秧，秧盘长 580mm、宽 280mm、高 25mm。插秧采用农业部南京农业机械化研究所研制的高速式大苗插秧机进行。前茬为早稻，6 月 20 日播种，7 月 21 日机插，11 月 6 日收获，其他同当地大田管理。

不同育秧盘的育秧对比试验：于 2019 年在江西省农业科学院高安基地（115°12′E，28°25′N）进行不同早、晚品种和不同育秧盘的田间试验。试验田耕作层土壤含有机质 38.80g/kg、全氮 2.53g/kg、铵态氮 42.4mg/kg、硝态氮 1.04mg/kg、有效磷 16.78mg/kg、速效钾 120.1mg/kg，土壤 pH 5.5。采用裂区设计，主区为品种，副区为育秧盘。早、晚稻均设 2 个品种和 3 种育秧盘，重复 3 次，南北行向，小区面积 80m²。早、晚稻 3 个育秧盘分别为毯状盘（CK）、钵体盘（B1）和钵体毯状盘（B2）；供试早稻品种为长两优 173（C1）和中嘉早 17（C2），3 月 25 日播种，4 月 25 日移栽，播种量为 80g/盘；供试晚稻品种为富美占（C3）和泰优航 1573（C4），6 月 28 日播种，

7月 23 日移栽, 播种量为 110g/盘。毯状盘秧苗采用井关乘坐式插秧机栽插, 钵体盘和钵体毯状盘秧苗采用久保田乘坐式插秧机栽插, 行株距为 30cm×14cm, 基本苗为 21.6 万/hm²。氮肥用尿素, 用量为纯氮 120kg/hm², 分 3 次施用 (基肥 50%, 分蘖肥 30%, 穗肥 20%)。其他管理措施同当地高产栽培。

4.2.2　结果与分析

1. 不同播种量的育秧对比试验

表 4-5 为供试杂交晚稻品种不同播种量下采用可降解秧盘育秧的秧苗素质。由表 4-5 可以看出, 播种量对可降解秧盘育秧的秧苗素质具有显著的影响, 随着播种量的增加, 供试晚稻品种的秧苗株高增加, 而叶龄、根数、倒二叶 SPAD 值、苗茎基宽和苗干重均呈下降趋势, 采用 60g/盘和 70g/盘播种量育秧的秧苗素质明显优于 80g/盘, 说明该供试水稻品种对不同的播种量比较敏感。

表 4-5　不同播种量的秧苗素质

播种量	株高/cm	叶龄	单株根数/条	倒二叶SPAD值	10株苗茎基宽/cm	百苗干重/g
D1	29.00	4.90	23.40	34.69	4.98	8.38
D2	29.81	4.81	21.60	31.09	4.72	7.85
D3	31.71	4.68	20.20	30.58	4.26	7.71

图 4-7 为供试杂交晚稻品种不同播种量下采用可降解秧

盘育秧的茎蘖动态。结果表明，不同播种量育秧会影响水稻的分蘖早生快发，采用 70g/盘播种量育秧的水稻分蘖力强，分蘖速度快于 60g/盘和 80g/盘，其最高分蘖数也高，最高分蘖数达到 616.70 万/hm²，而 80g/盘播种量处理的最高分蘖数仅 551.22 万/hm²。

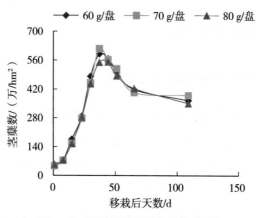

图 4-7　不同播种量育秧的茎蘖动态

　　图 4-8 为供试杂交晚稻品种不同播种量条件下采用可降解秧盘育秧的最长根长变化规律。由图 4-8 可以看出，3 种播种量育秧插秧后的最长根长差别不明显，采用 60g/盘育秧的水稻的最长根系长，80g/盘的根系生长期会略长于另外 2 个处理，但 3 个处理的最长根长后期差异不明显。

　　表 4-6 为供试杂交晚稻品种不同播种量下采用可降解秧盘育秧收获期的单株干物质量。由表 4-6 可知，供试水稻品种不同播种量之间的干物质重差异明显。水稻叶、茎、穗的干物质量均以播种量为 80g/盘的最大，其次为 60g/盘和 70g/

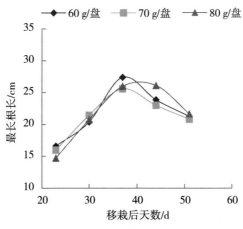

图 4-8   不同播种量育秧的最长根长变化

盘。收获指数反映了水稻同化产物籽粒和营养器官上的分配比例，收获指数以 60g/盘和 70g/盘大，说明这 2 个处理增产潜力大。

表 4-6   不同播种量收获期单株干物质量

处理	叶重/g	茎重/g	穗重/g	收获指数
D1	8.18	15.63	23.67	0.50
D2	7.72	15.40	23.17	0.50
D3	8.80	16.82	23.97	0.48

表 4-7 为供试杂交晚稻品种不同播种量条件下采用可降解秧盘育秧的产量和产量构成。不同播种量育秧穗数以 80g/盘的最多，其次为 60g/盘和 70g/盘，穗粒数以 60g/盘的最多，其次为 70g/盘和 80g/盘，结实率以机插株距 70g/盘的最大，其次为 60g/盘和 80g/盘，穗粒数、千粒重和结实率各处

理间差异较小，理论产量和实际产量均以 60g/盘的最大，但与 70g/盘处理差异极小。

表 4-7　不同播种量的产量和产量结构

处理	穗数/（万/hm²）	每穗粒数	千粒重/g	结实率/%	理论产量/（kg/hm²）	实际产量/（kg/hm²）
D1	364.35	129.06	26.17	82.92	10 204.07	8 254.80
D2	349.95	124.03	26.73	83.08	9 638.92	8 245.20
D3	389.25	120.60	26.08	82.43	10 091.80	8 017.05

表 4-8 为供试水稻不同育秧方式实际产量的增产效应比较，播种量为 60g/盘和 70g/盘实际产量差异极小，但高于 80g/盘。播种量为 60g/盘和 70g/盘的实际产量分别比 80g/盘增产 237.75kg/hm² 和 228.15kg/hm²，增产率分别为 2.97% 和 2.85%。

表 4-8　不同播种量育秧的增产效应比较

产量/(kg/hm²)			D1 比 D2 增产		D1 比 D3 增产		D2 比 D3 增产	
D1	D2	D3	增产量/（kg/hm²）	增产率/%	增产量/（kg/hm²）	增产率/%	增产量/（kg/hm²）	增产率/%
8 254.80	8 245.20	8 017.05	9.60	0.12	237.75	2.97	228.15	2.85

2. 不同育秧盘的育秧对比试验结果

从表 4-9 可以看出，不同育秧盘对早、晚稻的出苗率、均匀度合格率、株高、根长、根数和茎基宽均有显著影响。早、晚稻品种的秧苗出苗率和均匀度合格率均表现为钵体毯状

盘（B2）最高，钵体盘（B1）次之，毯状盘（CK）最低。CK
盘处理下秧苗比 B1、B2 盘秧苗在株高、根长、根数、茎基宽
指标方面有明显优势；且 B1 盘处理下秧苗平均株高、根长、
茎基宽均比 B2 盘处理下秧苗较好，但 B2 处理盘秧苗根数较
多。方差分析结果表明，30d 秧龄条件下，移栽前 CK 盘处理
秧苗综合素质表现最优，早期易发挥显著优势。

表 4-9　不同品种和育秧盘下的早晚稻秧苗素质

处理	出苗/%	均匀度合格率/%	株高/cm	根长/cm	根数/条	茎基宽/cm
C1CK	95.00b	92.00c	15.09a	7.83a	8.65a	1.75a
C1B1	96.00a	92.60b	11.93c	5.42c	7.43b	1.47b
C1B2	96.00a	93.82a	12.57b	5.51b	6.65c	1.35c
C2CK	97.00c	93.00c	18.68a	4.66c	9.20a	1.70b
C2B1	98.00b	96.00b	15.63b	5.41a	8.55c	1.75a
C2B2	100.00a	98.00a	10.06c	5.15b	8.60b	1.47b
C3CK	96.00c	91.00c	14.52a	10.20a	8.60a	2.10a
C3B1	97.00b	95.00b	12.64c	8.20b	7.20c	1.90b
C3B2	98.00a	96.00a	13.89b	7.30c	7.67b	1.70c
C4CK	96.00c	94.00c	15.63a	9.80a	8.80a	2.30a
C4B1	97.00b	97.00b	13.21c	8.30b	7.30c	2.00b
C4B2	99.00a	98.00a	13.93b	7.50c	7.95b	1.90c

注：表中相同品种的不同育秧盘间，标以不同字母表示在 0.05 水平上差异显著。

以早晚稻试验情况看（表 4-10），同一株行距插秧机不
同秧盘处理的漂秧率、伤秧率和漏插率均有差异。从插深来

看，CK 普遍比 B1、B2 盘栽插深，平均比 B1 盘深 6.15%，比 B2 盘深 11.58%；每穴株数基本保持在 3 株左右，差异不明显；3 种处理下机插秧漂秧率均较低，但仍有差异，表现为 CK>B1>B2；机插伤秧率表现为 CK> B1>B2，平均值依次为：3.40%、2.51%、2.40，均小于 5%；对照 CK 处理下秧苗栽插深，且漂秧率比 B1、B2 盘大；均匀度合格率是评价盘育秧苗和插秧质量的指标，表现为 B2>B1>CK。从机插整体质量看，B2 盘处理机插质量表现效果最佳。

表 4-10   不同品种和育秧盘下早晚稻机插质量

处理		栽插深度	每穴株数	漂秧率/%	伤秧率/%	漏插率/%	机插相对均匀度合格率/%
早稻	CK	18.9a	3.1c	1.69a	3.40a	2.48a	89.49c
	B1	17.0b	3.4a	1.36b	2.51b	1.86b	90.34b
	B2	16.2c	3.2b	1.24c	2.40c	1.34c	90.54a
晚稻	CK	18.0a	3.1b	1.69a	2.68a	2.05a	87.78c
	B1	17.8b	3.2a	1.58b	2.41b	1.93b	89.54b
	B2	16.9c	3.2a	1.55c	2.38c	1.82c	90.21a

注：表中相同品种的不同育秧盘间，标以不同字母表示在 0.05 水平上差异显著。

各处理分蘖动态大致一致，分蘖高峰均是在插秧后 60d 左右，60d 以后略有下降，开始无效分蘖。从不同处理来看，早稻钵苗机插和毯苗机插由于返青期节点不同，群体茎蘖动态差异显著（图 4-9）。钵盘 B1、B2 秧苗在移栽 5d 后分蘖数略高于 CK，但均呈下降趋势；14d 后，各处理茎蘖数显著增加，钵盘秧苗整体分蘖发生较早，返青期短，表现为增幅明显大于

CK 处理秧苗；23d 后所有处理分蘖数呈增加趋势但增幅逐渐减小，至拔节期（45d）后，B1 处理茎蘖数高于 CK，B2 处理增幅明显。晚稻各秧盘处理秧苗分蘖数在移栽 23d 之前基本表现一致，但拔节期前后变化迅速，平均以 B2 处理秧苗分蘖优势显著。

叶片叶绿素状况是评价植株光合效率的重要指标。在同一播种量及管理水平下，叶绿素水平的高低可以间接反映不同处理方式下育插秧技术的优劣。通过测量关键生育期不同处理秧苗叶片的 SPAD 值，结果显示（图 4 - 10），整体水稻叶片叶绿素值含量是先减后增。插秧后因为返青期作用，3 种处理下秧苗叶片叶绿素值降低，植株营养主要受植伤影响。从分蘖期开始到孕穗期，叶绿素含量是先增后减，符合水稻植株生长规律。

不同处理水平下，早稻 SPAD 结果值显示分蘖盛期及拔节期 B1、B2 处理下的叶绿素值显著大于 CK 处理，但孕穗期则衰退明显，CK 对照盘衰退相对缓慢。分蘖盛期至孕穗期 B2 盘处理秧苗叶片 SPAD 值均为最高，表现为 B2＞B1＞CK。从晚稻 SPAD 值来看，与早稻略有差别。移栽 5d 时，SPAD 值具体表现为 B2＞B1＞CK，但整体增幅显著小于早稻时期，B2 处理下秧苗返青快，叶片叶绿素值高；拔节盛期时，B2 处理 SPAD 值达到最高，至孕穗期时稍有变化。整体来看，早晚稻孕穗期时，B2 处理下秧苗叶片 SPAD 值比 B1 处理平均高出 3.2%，比 CK 处理平均高出 9.2%。

不同秧盘处理下，4 个水稻品种的产量及其构成因素的值

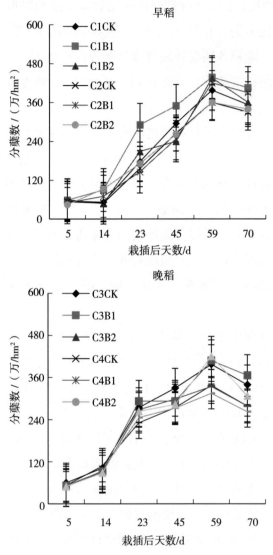

图 4-9 不同品种和育秧盘下的早、晚稻分蘖动态

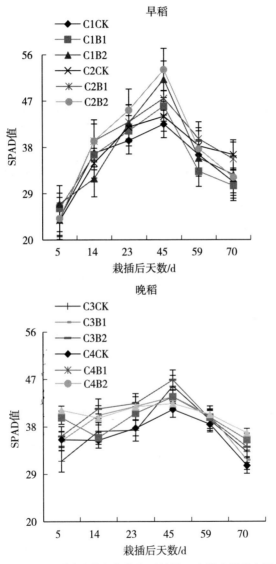

图 4 - 10　不同品种和育秧盘下的早、晚稻叶绿素含量

均有显著差异（表 4 - 11）。以早稻为例，B2 处理产量最高，分别比 CK 和 B1 平均增产 13.04%、1.65%。从产量构成因素看，各处理下有效穗数、穗粒数和千粒重差异显著，结实率差异不显著。进一步比较产量构成因素对产量贡献率的大小，对试验数据进行相关分析（表 4 - 12）。结果表明，有效穗数对产量的贡献率最大，其次为千粒重、结实率。

表 4 - 11 不同品种和育秧盘下的早晚稻产量及其构成因素

处理	有效穗数/ （万/hm²）	穗粒数/ （万/hm²）	结实率/ %	千粒重/ g	理论产量/ （kg/hm²）	实际产量/ （kg/hm²）
C1CK	245.31b	164c	91.82b	23.32c	8 608.33c	7 307.07c
C1B1	266.95a	170b	92.89a	24.18b	10 188.56b	8 648.43b
C1B2	218.09c	199a	91.47c	26.14a	10 400.20a	8 828.08a
C2CK	201.52c	201b	91.08b	24.93b	9 196.32c	7 806.18c
C2B1	211.31a	205a	90.21c	24.47c	9 563.09b	8 117.51b
C2B2	207.53b	196c	92.26a	25.69a	9 680.70a	8 217.34a
C3CK	248.92c	189b	92.85a	24.51c	10 695.87c	9 452.17c
C3B1	259.74b	184c	91.35c	25.08b	10 973.11b	9 697.16b
C3B2	303.03a	191a	92.05b	25.99a	13 819.05a	12 212.19a
C4CK	303.03c	169c	89.88c	22.42c	10 368.83c	9 163.16c
C4B1	324.67b	170b	91.29b	23.94b	12 122.32b	10 712.75b
C4B2	335.49a	181a	91.91a	24.39a	13 600.82a	12 019.33a
CK 均值	249.69	180.85	91.41	23.79	9 717.34	8 432.14
B1 均值	265.67	182.56	91.44	24.41	10 711.77	9 293.96
B2 均值	266.04	191.90	91.92	25.55	11 875.2	10 319.24

注：表中相同品种的不同育秧盘间，标以不同字母表示在 0.05 水平上差异显著。

从有效穗数看，CK、B1、B2 三种处理平均每公顷有效穗数分别为 249.69 万、265.67 万、266.04 万，B2 处理平均穗数略高于其他两个处理；总粒数方面表现为 B2＞B1＞CK；且 B2 处理的平均结实率与千粒重也均略高于其他处理，但整体与 B1 处理差异不显著。

表 4 - 12　产量构成参数相关系数

相关性	有效穗数	穗粒数	结实率	千粒重	理论产量	实际产量
有效穗数	1	−0.635*	0.020	−0.376	0.787**	0.809**
粒数	−0.635*	1	−0.123	0.727**	−0.084	−0.114
结实率	0.020	−0.123	1	0.362	0.178	0.158
千粒重	−0.376	0.727**	0.362	1	0.237	0.192
理论产量	0.787**	−0.084	0.178	0.237	1	0.997**
实际产量	0.809**	−0.114	0.158	0.192	0.997**	1

注：*表示不同处理差异达到 5%显著水平，**表示不同处理差异达到 1%显著水平。

4.3　机插稻育秧营养基质

前人针对机插稻育秧进行了广泛研究，这些研究主要以常规培肥为主（韩东来，2008；叶正龙，2005；严仙田等，2001），培育出的秧苗较瘦弱、均匀度差、不易盘根、晚稻易徒长、易染立枯病，导致烂秧死苗、大田漏秧率和伤秧率较高，影响了水稻机插质量和产量。因此，生产上迫切需要集使用方便、具有在秧苗盘育期间的营养、壮秧、化控、盘根、防病综合效果于一体的育秧专用物化产品，以实现水稻工厂化育秧技术的"傻瓜化"。为此，笔者针对南方丘陵双季稻区的不同育秧气候特点，潜心研制出机插早稻和晚稻育秧营养基质，并在江西省4个试验点分别进行了早稻和晚稻育秧比较试验，分析其应用效果，以期为南方丘陵双季稻区水稻工厂化育秧提供技术支撑与物化产品（王康军等，2013）。

4.3.1 配方试验设计

试验于2011年3～11月在江西省吉安市泰和县（26°47′N，114°54′E）、景德镇市浮梁县（29°21′N，117°13′E）、南昌市南昌县（115°56′，28°33′）和南昌市新建县（115°49′，28°42′）进行。泰和县境内地貌以低浅丘陵为主，属亚热带季风气候，气候温和，日照充足，雨量充沛。年平均气温18.6℃，年平均无霜期280d，年平均降水量1 370.5mm，主要集中在夏季，具有四季分明、雨热同季、无霜期长等气候特点，对农作物生长十分有利。浮梁县境内以中低山和丘陵为主，雨量充沛、光照充足，属中亚热带潮湿天气，年平均气温17℃，年降水量1 764mm。南昌县属亚热带季风气候，冬寒、春暖、夏热、秋凉，四季分明，雨量充沛，日照充足。年平均降水量为1 624.4mm，雨日年平均为147.3d，年平均气温17.6℃左右。新建县地处鄱阳湖滨，赣江中下游，天气潮湿温顺，属北亚热带区域，年均气温17.1～17.8℃，年平均降水量1 518mm。

4个试验点早稻和晚稻均设2个处理，分别为：使用营养基质育秧（Y）和不使用营养基质育秧（N）。早稻供试品种泰和试验点为中嘉早 17 和先农 37，浮梁试验点为淦鑫 203 和荣优 3 号，南昌试验点为中嘉早 17 和春光 1 号，新建试验点为03 优 66；晚稻供试品种泰和试验点为岳优 9113 和丰源优 299，浮梁试验点为五丰优 T025 和丰优 9 号，南昌试验点为深优957 和丰源优 299，新建试验点为 99 优 486。早稻和晚稻机插行距为 9 寸，株距为 11.7cm，插秧采用"禾缘"牌 9 寸插秧机进行，其他同当地大田管理。

4.3.2　测定项目与方法

秧苗素质、茎蘖动态、产量和产量结构等的测定方法同3.1.2 部分。

4.3.3　结果与分析

1. 秧苗素质

表 4-13 和表 4-14 分别为早稻和晚稻各试验点不同品种育秧对比的秧苗素质。由表 4-13 和表 4-14 可知，各试验点早稻和晚稻使用营养基质育秧的秧苗均比不使用营养基质育秧的秧苗素质好，使用营养基质育秧的秧苗植株矮壮、叶绿素含量高、叶色深，茎基粗壮、根数多、秧苗生长均匀整齐。

使用营养基质育秧的秧苗植株较矮壮，株高较低，如新建县试验点早稻品种 03 优 66 的株高，使用营养基质育秧的秧苗为 14.87cm，而不使用营养基质育秧的秧苗为 20.06cm，两者相差 5.19cm；晚稻各试验点使用营养基质育秧的秧苗平均株高为 17.50cm，不使用营养基质育秧的秧苗平均株高为 20.23cm，两者相差 2.73cm。

使用营养基质育秧的秧苗叶龄稍大，但差异不明显。如浮梁试验点早稻品种荣优 3 号的叶龄，使用营养基质育秧的秧苗为 4.35 叶，而不使用营养基质育秧的秧苗为 3.72 叶，两者相差 0.63 叶。

使用营养基质育秧的秧苗叶绿素含量高，SPAD 值较大，如泰和试验点早稻品种先农 37 倒 2 叶 SPAD 值，使用营养基质育秧的为 35.46，而不使用营养基质育秧的为 27.79，两者相差 7.67；晚稻各试验点使用营养基质育秧的秧苗平均倒 2 叶 SPAD 值为 32.31，不使用营养基质育秧的秧苗平均倒 2 叶 SPAD 值为 23.57，两者相差 8.74。

使用营养基质育秧的秧苗根系发达，根数较多，茎基粗壮，如泰和试验点早稻品种先农 37 的根数和茎基宽，使用营养基质育秧的分别为 12.34 条和 0.38cm，而不使用营养基质育秧的为 8.90 条和 0.17cm，两者分别相差 3.44 条和 0.21cm；晚稻使用营养基质育秧的秧苗的根数和茎基宽分别为 23.79 条和 0.42cm，而不使用营养基质育秧的分别为 17.37 条和 0.29cm，两者分别相差 6.42 条和 0.13cm。

使用营养基质育秧的秧苗百苗鲜重和百苗干重较大，如新建试验点早稻品种 03 优 66 的百苗鲜重和百苗干重，使用营养基质育秧的分别为 21.88g 和 5.36g，而不使用营

养基质育秧的分别为 12.64g 和 3.18g，两者分别相差
9.24g 和 2.18g；晚稻使用营养基质育秧的秧苗的百苗鲜重
和百苗干重平均分别为 35.64g 和 9.87g，而不使用营养基
质育秧的平均分别为 28.44g 和 7.61g，两者分别相差
7.20g 和 2.26g。

表 4－13　不同育秧方法的早稻秧苗素质

地点	品种	育秧方法	秧龄/d	株高/cm	叶龄/叶	倒2叶SPAD值	根数/条	茎基宽/cm	百苗鲜重/g	百苗干重/g
泰和	中嘉早17	N	27	17.48	3.57	28.41	9.28	0.21	15.70	3.65
		Y	27	15.20	4.00	34.21	12.26	0.40	25.50	6.23
	先农37	N	27	18.36	4.21	27.79	8.90	0.17	15.10	3.55
		Y	27	16.08	4.61	35.46	12.34	0.38	24.70	6.10
浮梁	淦鑫203	N	31	17.64	3.88	29.94	10.66	0.25	17.10	4.37
		Y	31	15.67	4.20	36.59	13.70	0.42	27.11	6.83
	荣优3号	N	31	16.83	3.72	26.97	11.98	0.23	16.23	4.10
		Y	31	15.03	4.35	34.36	13.85	0.38	24.68	6.08
南昌	中嘉早17	N	31	17.92	3.80	29.79	10.10	0.27	16.90	4.23
		Y	31	15.27	4.35	35.34	12.54	0.42	28.40	6.88
	春光1号	N	31	17.77	4.11	30.82	10.70	0.29	19.80	4.69
		Y	31	14.87	4.32	35.78	13.80	0.46	29.40	7.01
新建	03优66	N	25	20.06	3.50	25.17	8.70	0.12	12.64	3.18
		Y	25	14.87	3.80	30.46	10.30	0.20	21.88	5.36
平均		N	—	18.01	3.83	28.41	10.05	0.22	16.21	3.97
		Y	—	15.28	4.23	34.60	12.68	0.38	25.95	6.36

表 4-14　不同育秧方法的晚稻秧苗素质

地点	品种	育秧方法	秧龄/d	株高/cm	叶龄/叶	倒2叶SPAD值	根数/条	茎基宽/cm	百苗鲜重/g	百苗干重/g
泰和	岳优9113	N	24	21.00	4.20	24.80	20.50	0.30	23.15	7.26
		Y	24	17.50	4.91	33.67	28.93	0.45	28.59	9.11
	丰源优299	N	24	21.62	4.23	24.70	21.50	0.28	26.86	7.72
		Y	24	18.42	5.05	35.37	29.06	0.43	33.50	9.36
浮梁	五丰优T025	N	25	20.10	4.94	22.50	19.10	0.36	39.45	9.50
		Y	25	16.80	5.40	31.78	26.60	0.49	47.39	11.88
	丰优9号	N	25	24.50	4.72	24.10	22.70	0.37	45.61	10.36
		Y	25	19.60	5.36	36.28	31.24	0.50	53.69	14.83
南昌	深优957	N	23	21.72	4.01	20.08	11.40	0.22	19.77	5.65
		Y	23	18.80	4.40	25.60	14.90	0.31	26.12	7.06
	丰源优299	N	22	13.35	3.95	24.79	11.29	0.26	22.96	5.82
		Y	22	16.80	4.60	31.60	15.30	0.35	30.46	7.88
新建	99优486	N	26	19.30	4.70	24.00	15.10	0.26	21.27	6.93
		Y	26	14.60	5.44	31.90	20.50	0.40	29.70	9.07
平均		N	—	20.23	4.39	23.57	17.37	0.29	28.44	7.61
		Y	—	17.50	5.02	32.31	23.79	0.42	35.64	9.87

2. 茎蘖动态

图 4-11 和图 4-12 分别为各试验点早稻和晚稻不同品种育秧对比的茎蘖动态。由图 4-11 和图 4-12 可知，各试验点早稻和晚稻使用营养基质育秧的分蘖力强，前中后期的茎蘖数明显多于不使用营养基质育秧的处理。如在移栽后 51d，新建试验点早稻品种 03 优 66 使用营养基质育秧的茎蘖数为 683.19 万/hm^2，不使用营养基质育秧的茎蘖数为 547.58 万/

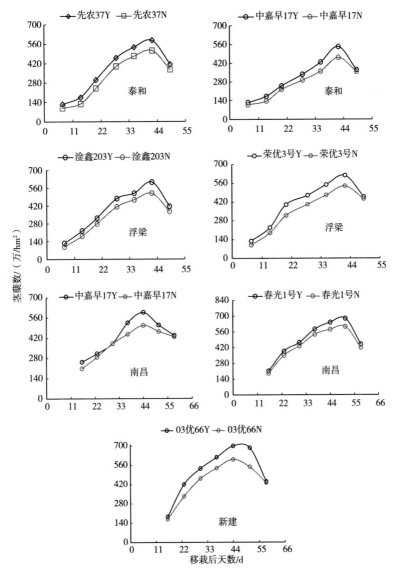

图 4-11　不同育秧方法的早稻茎蘖动态

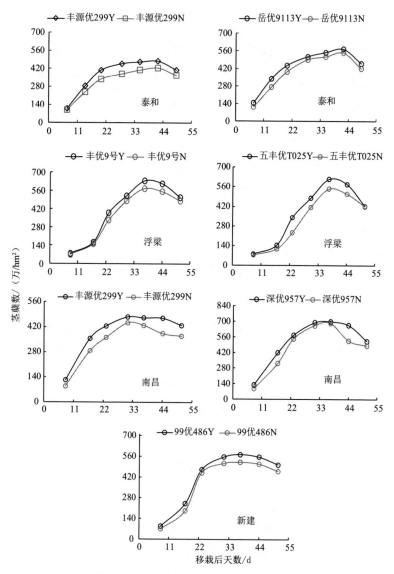

图 4-12　不同育秧方法的晚稻茎蘖动态

hm^2，两者相差 135.61 万/hm^2。在移栽后 44d，南昌试验点晚稻品种深优 957 使用营养基质育秧的茎蘖数为 663.82 万/hm^2，不使用营养基质育秧的茎蘖数为 527.07 万/hm^2，两者相差 136.75 万/hm^2。因此，不使用营养基质育秧的机插稻，由于秧苗素质较弱，导致生长前中期群体茎蘖数少，有效穗数较低，难以保证高产。

3. 产量和产量结构

表 4-15 和表 4-16 分别为早稻和晚稻各试验点不同品种育秧对比的产量和产量结构。由表 4-15 和表 4-16 可以看出，使用营养基质育秧的机插稻的有效穗数均高于不使用营养基质

表 4-15　不同育秧方法的早稻产量和产量结构

地点	品种	育秧方法	有效穗数/（万/hm^2）	穗粒数/粒	结实率/%	千粒重/g	理论产量/（kg/hm^2）	实际产量/（kg/hm^2）
泰和	中嘉早 17	N	347.58	106.21	82.40	24.86	7 562.25	6 858.15
		Y	357.55	115.00	83.47	25.10	8 614.95	7 332
	先农 37	N	377.49	97.14	83.62	26.74	8 199.3	6 473.85
		Y	391.74	102.33	84.09	26.36	8 885.7	7 011.3
浮梁	淦鑫 203	N	377.49	95.67	82.92	26.01	7 788.6	6 580.65
		Y	401.45	90.69	84.42	26.26	8 070.9	6 976.35
	荣优 3 号	N	445.16	79.07	85.54	24.44	7 358.55	5 996.7
		Y	454.87	83.56	84.22	25.38	8 124.45	6 410.25
南昌	中嘉早 17	N	435.90	100.08	83.58	25.26	9 210.15	6 561
		Y	428.77	102.36	85.41	25.60	9 596.85	6 896.4
	春光 1 号	N	447.29	93.64	83.73	24.44	8 570.55	6 456.45
		Y	488.86	91.44	84.41	25.64	9 673.8	7 049.4

（续）

地点	品种	育秧方法	有效穗数/（万/hm²）	穗粒数/粒	结实率/%	千粒重/g	理论产量/（kg/hm²）	实际产量/（kg/hm²）
新建	03优66	N	435.90	104.76	84.10	26.25	10 081.65	7 289.25
		Y	492.10	100.21	85.05	26.02	10 913.25	7 630.35
	平均	N	409.54	96.65	83.70	25.43	8 395.8	6 602.25
		Y	430.76	97.94	84.44	25.77	9 125.7	7 043.7

表 4-16　不同育秧方法的晚稻产量和产量结构

地点	品种	育秧方法	有效穗数/（万/hm²）	穗粒数/粒	结实率/%	千粒重/g	理论产量/（kg/hm²）	实际产量/（kg/hm²）
泰和	丰源优299	N	313.68	134.33	83.09	25.76	9 019.35	6 689.7
		Y	360.98	135.58	84.27	26.40	10 888.35	7 063.2
	岳优9113	N	454.22	104.83	83.16	24.60	9 740.7	6 947.7
		Y	501.81	112.07	84.03	24.66	11 654.25	7 490.4
浮梁	五丰优T025	N	479.15	117.50	70.83	21.28	8 485.8	6 054.9
		Y	477.53	119.92	75.49	22.06	9 536.55	6 480.45
	丰优9号	N	484.62	101.26	78.88	24.88	9 630.9	6 759.3
		Y	518.32	96.35	79.14	25.20	9 959.55	7 359.6
南昌	丰源优299	N	346.41	155.45	75.91	26.98	11 028.6	6 835.35
		Y	417.64	172.54	73.03	26.70	14 050.2	7 378.5
	深优957	N	360.98	148.42	71.31	23.54	8 993.25	6 955.05
		Y	445.16	142.25	76.01	23.86	11 484.45	7 456.35
新建	99优486	N	334.95	146.57	59.27	26.08	9 458.25	6 753.45
		Y	417.45	172.83	67.59	26.18	10 243.05	7 301.25
	平均	N	396.29	129.77	74.64	24.73	9 479.55	6 713.7
		Y	448.41	135.94	77.08	24.98	11 116.65	7 218.6

育秧的处理，各试验点有效穗数相差最大的早稻为新建试验点有效 03 优 66，达到 56.20 万/hm²，晚稻为南昌试验点深优 957，达到 84.18 万/hm²；两种育秧方法的千粒重差异不明显，而使用营养基质育秧的穗粒数和结实率均较高，如 4 个试验点晚稻各品种的穗粒数和结实率平均分别为 135.94 粒和 77.08%，而不使用营养基质育秧处理的穗粒数和结实率平均分别为 129.77 粒和 74.64%；使用营养基质育秧的理论产量和实际产量均较高，实际产量相差最大的早稻为南昌试验点春光 1 号，达到 592.95kg/hm²，晚稻为浮梁试验点丰优 9 号，达到 600.30kg/hm²。

表 4-17 和表 4-18 分别为早稻和晚稻各试验点不同品种育秧对比实际产量的增产效应比较，由表 4-17 和表 4-18 可知，早稻和晚稻 4 个试验点 14 个供试品种使用营养基质育秧的实际产量均比不使用营养基质育秧的高，早稻平均增产 441.45kg/hm²，平均增产率为 6.69%；晚稻平均增产 504.90kg/hm²，平均增产率为 7.52%，说明机插早稻和晚稻使用营养基质育秧增产效果明显。

表 4-17　不同育秧方法的早稻增产效应比较

地点	品种	育秧方法		Y 比 N 增产	
		Y	N	kg/hm²	%
泰和	中嘉早 17	7 332.00	6 858.15	473.85	6.91
	先农 37	7 011.30	6 473.85	537.45	8.30
浮梁	淦鑫 203	6 976.35	6 580.65	395.70	6.01
	荣优 3 号	6 410.25	5 996.70	413.55	6.90

（续）

地点	品种	育秧方法		Y 比 N 增产	
		Y	N	kg/hm²	%
南昌	中嘉早 17	6 896.40	6 561.00	335.40	5.11
	春光 1 号	7 049.40	6 456.45	592.95	9.18
新建	03 优 66	7 630.35	7 289.25	341.10	4.68
	平均	7 043.70	6 602.25	441.45	6.69

表 4-18　不同育秧方法的晚稻增产效应比较

地点	品种	育秧方法		Y 比 N 增产	
		Y	N	kg/hm²	%
泰和	丰源优 299	7 063.20	6 689.70	373.50	5.58
	岳优 9 113	7 490.40	6 947.70	542.70	7.81
浮梁	五丰优 T025	6 480.45	6 054.90	425.55	7.03
	丰优 9 号	7 359.60	6 759.30	600.30	8.88
南昌	丰源优 299	7 378.50	6 835.35	543.15	7.95
	深优 957	7 456.35	6 955.05	501.30	7.21
新建	99 优 486	7 301.25	6 753.45	547.80	8.11
	平均	7 218.60	6 713.70	504.90	7.52

4.4　丘陵山区水稻机械化育插秧技术

4.4.1　丘陵山区水稻机械化育秧技术

在查阅国内外相关文献资料，基于试验示范支持研究及综合利用已有相关研究成果的基础上，集成制定了适宜丘陵山区水稻机械化育秧的技术规程。其主要技术流程包括：床土配置、种子处理、播种作业和苗期管理等。按照使用的材料、设施和机械不同，操作工艺略有不同。早稻宜选用生育期 105～110d，分蘖力强、增产潜力大的品种。播种期按秧龄 20～25d 来确定，早稻播种期一般在 3 月 15 日至 4 月 5 日。晚稻选择生育期 115d 以内、分蘖力强、抽穗整齐、抗倒伏的品种。播种期按秧龄 15～20d 来确定，一般为 6 月下旬，但要根据早稻抽穗情况掌握"宁可田等秧，切勿秧等田"的原则（李艳大等，2014b）。丘陵山区水稻机械化育秧可参照江西省地方标准 DB 36/T 855—2015《水稻机械化育秧技术规程》进行。

早稻带土育秧技术流程见图 4-13。

中晚稻育秧操作流程在早稻育秧流程上减少制拱封膜环节，秧盘铺于苗床后，加盖遮阳网，防止出现死芽现象，待秧苗现青后揭去遮阳网，其育秧技术流程见图 4-14。

1. 种子处理

浸种前晒种 1～2d，提高发芽率、发芽势。常规稻种子发芽率要在 85% 以上，杂交稻种子发芽率要在 80% 以上，发芽势要在 85% 以上。

将选好的种子放入清水中浸泡 24h 左右，再用强氯精 10g 和咪鲜胺有效成分 0.5g 与水配制成 1∶(400～500) 的药液浸泡杀菌消毒，药液重量为处理稻种重量的 1.5～2.0 倍，浸泡

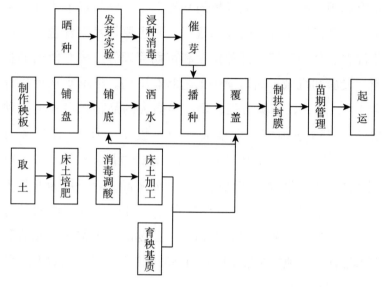

图 4-13　早稻带土育秧技术流程

时间为 12h 左右，然后用清水洗净，继续浸种 12h 左右，注意换水。杂交稻采用间隙浸种方法，饱满种子和不饱满种子分开浸种，其他与常规稻相似。

早稻在浸种后将清水洗净的种子在 35～38℃ 下进行保湿催芽至破胸。中稻、晚稻采取多起多落浸种催芽。催芽标准为破胸露白率达 90％ 以上。催芽后置阴凉处，摊晾至宜手撒播即可。早、中稻浸种后使用催芽机或催芽室催芽。种子催芽不受环境气温影响，一般 16～20h 可破胸露白，种子破胸露白均匀整齐，均匀度不小于 95％，可提高种子发芽速度和发芽率。

晚稻育秧期间气温高，秧苗生长快，为延缓生长速度，可

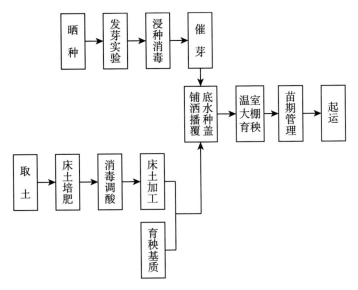

图 4-14　中晚稻育秧技术流程

在破胸、露白时，每亩秧田用 15％多效唑可湿性粉剂 80g 与水配制成 1∶（600～800）的药液喷雾拌种。

2. 床土

床土可选择有机营养土或育秧基质。有机营养土一般选择经秋耕、冬翻的稻田表层土或耕作熟化的旱地，pH 为 5.5～7.0。育秧基质按操作说明直接使用或与营养土混合使用。冬翻田取的床土，可直接使用。

其他适宜土壤在取土前，选择以下一种方式对土壤进行培肥。

每亩用腐熟人畜粪 2 000kg；每亩用 25％的氮磷钾复合肥

60～70kg；每亩用硫酸铵 12kg、过磷酸钙 6kg、氯化钾 4kg；采用旱秧壮秧剂的，在过筛时每 100kg 细土加 0.5～0.8kg 旱秧壮秧剂均匀拌制。

床土要求土质疏松，通透性好，肥力较高，含水率为 10%～15%，不得有石块等杂物，对粒径大于 5mm 的土块采用碎石机先进行粉碎，然后用孔径不大于 5mm 的筛土机进行过筛，筛后继续覆膜堆闷。用 65% 敌克松与水配制成 1：(1 000～1 500) 的药液，对床土进行喷洒消毒，以床土湿透为宜。播种前，床土应进行调酸处理，可根据实际情况增施硫黄粉降低 pH。早稻育秧床土要求 pH 在 4.5～6.5，单季稻或晚稻育秧床土的 pH 可适当提高至 5.5～7.0。每张盘应备合格营养土 2.5～3.5kg 或育秧基质 0.9～1.2kg。

3. 秧田

秧田面积与大田面积比例宜为 1：(80～120)。选择排灌方便、避风防寒、光照充足、土壤肥沃、运秧方便、便于管理的地块作秧板。秧板应在播前 5d 制作完成，秧板宽 1.3～1.4m，秧沟宽 0.25～0.50m，深 0.15～0.20m，平整光滑，四周开围沟，确保水系畅通，播种时田面湿润、沉实。

4. 材料准备

秧盘。规格有 9 寸、8 寸、7 寸秧盘。9 寸秧盘：常规稻每亩需 25～28 张，杂交稻每亩需 23～25 张。8 寸秧盘：常规稻每亩需 27～30 张，杂交稻每亩需 25～28 张。7 寸秧盘：常规稻每亩需 30～35 张,杂交稻每亩需 28～30 张。

薄膜。早稻带土育秧时,每亩秧田应备 2m 幅宽的薄膜约 900m。

竹条。早稻带土育秧时,每亩秧田的机插秧应备长约 2.0m、宽 2.0～3.0cm、厚约 0.5cm 的竹条 360 根。

5. 播种

根据水稻品种特性、茬口及晚稻安全齐穗期确定播种期。一般根据适宜移栽期,早稻选择冷空气结束气温变暖时播种,秧龄 25～30d;单季稻一般 5 月中下旬至 6 月初播种,秧龄 15～20d;连作晚稻根据早稻收获期及种植方式确定播期,秧龄 15～20d。

秧盘依次平铺,紧密整齐,盘底与秧板密合。秧盘四周宜用木条或含水量较小的泥土扎实。铺撒准备好的床土或育秧基质,厚度为 2.0～2.5cm,厚薄均匀、平整。播种前一天,灌平沟水,待床土或育秧基质充分吸湿后迅速排水,亦可在播种前直接用喷雾器等雾化喷水,以不冲动床土或育秧基质为宜,要求播种时床土含水率达 85%～90%。采用田间精密播种器精细播种。双季常规稻播种量标准:9 寸秧盘一般每盘 100～120g;杂交稻可根据品种生长特性适当减少播种量;单季杂交稻 9 寸秧盘播种量每盘 70～100g。8 寸和 7 寸秧盘作相应的减量调整。播种要求准确、均匀、不重不漏。播种后应覆土,厚度 0.3～0.5cm,以盖没芽谷为准。采用硬盘育秧时,应先集中层叠堆盘,覆盖薄膜,高温立芽,待盘中 90% 以上白色芽出土立直后，再将秧盘铺在秧板上。对于早稻带土育秧，盖土后，用竹片作为支撑物，在板面上每隔 50～60cm 拱一根竹条，竹拱拱高 25～30cm，覆盖薄膜，将四周拉紧封严封实。膜内温度控制在 28～35℃。

双季稻品种要搭配好，两季水稻品种的生育期之和不超过230d；要推算好播种时间，一般早稻在 20～25d 秧龄、晚稻16～21d；整个播种批数不超过 5 个周期。取水田土，晒干粉碎过筛，直径 2～3mm 为床土，1～2mm 为盖种土，然后拌入营养剂，对土壤进行消毒，调酸 pH 在 5.5～7.0 之间。

使用育秧播种流水线、适用规格硬盘，先进行床土厚度、洒水量、播种量和盖土量调试。直接完成铺底、洒水（包括消毒、施肥）、精密播种、覆盖表土。秧盘底土厚度一般 2.2～2.5cm，覆土厚度 0.3～0.6cm，要求覆土均匀、不露籽。秧盘播种洒水须达到秧盘的底土湿润，且表面无积水，盘底无滴水，播种覆土后能湿透床土的标准。

播种整个程序完成后送进催芽室催芽。使用加湿加热器蒸汽催芽，做到适温催芽，温度控制在 30～36℃。早、中稻：应进行加湿加热，早、中稻一般在 2～3d 内完成出芽，发芽率达到 90% 以上，芽根整齐一致，芽长 5～10mm，幼芽色白鲜嫩。出芽达标准后，慢慢降温炼芽，2h 后将秧盘移至温室大棚炼苗。晚稻根据气温情况，一般加湿不加热。

6. 苗期管理

根据育秧方式做好苗期管理。早稻播种后即覆膜保温育秧，并保持秧板湿润；根据气温变化掌握揭膜通风时间和揭膜程度，适时揭膜炼壮苗；按照晴天傍晚揭、阴天上午揭、小雨雨前揭、大雨雨后揭的原则进行揭膜。若揭膜时最低温度低于12℃时可适当推迟揭膜时间，当最低气温稳定在15℃以上可揭膜补水。膜内温度保持在15～35℃之间，防止烂秧和烧苗。加强苗期病虫害防治，尤其是立枯病和恶苗病的防治。单季稻或连作晚稻播种后，搭建拱棚覆盖遮阳网或无纺布遮阳、防暴雨和麻雀为害。出苗后及时揭遮阳网或无纺布，秧苗见绿后根据机插秧龄和品种喷施生长调节剂控制生长，一般用300mg/kg多效唑溶液均匀喷施。

揭膜当天补一次足水，而后缺水补水，保持床土湿润，做到晴天中午秧苗不应卷叶。晚稻育秧秧苗管理要注意保湿，防止暴晒，一天洒两次水，上午10点洒水一次，下午4～5点洒水一次。秧板集中地块可灌平沟水，零散育秧可采取早晚洒水补湿。早稻移栽前5～6d排水，晚稻移栽前2～3d排水，控湿炼苗，促进秧苗盘根，增加秧块拉力，便于卷秧与机插。

应视床土肥力、秧龄和天气特点等具体情况进行。一般在两叶一心期进行，每亩苗床用腐熟人畜粪等农家肥400kg对水800kg或用尿素5kg对水500kg于傍晚喷施。

根据病虫害发生的情况，做好秧田绵腐病、水稻黑条矮缩病、稻飞虱和稻蓟马等常发性病虫防治工作。秧田期管理过程中，应经常去除秧田杂株和杂草，保证秧苗纯度。

防治绵腐病，每亩用25％甲霜灵可湿性粉剂130g与水配制成 1∶（800～1 000）倍药液均匀喷雾。绵腐病发生严重时，秧田应换清水 2～3 次后再施药。防治水稻黑条矮缩病、稻蓟马和稻飞虱，每亩用吡蚜酮有效成分 6g 或噻嗪酮有效成分 1g 与水配制成 1∶2 000 的药液均匀喷雾。移栽前 3～4d，天晴灌半沟水蹲苗，或放水炼苗。机插秧苗在栽前 1～2d 选用三环唑、1.8%阿维菌素及吡蚜酮或噻虫嗪等药剂混配喷施，做到带药栽插，以便有效控制大田活棵返青期的病虫害。根据病虫害发生的情况，做好秧田绵腐病、水稻黑条矮缩病、稻飞虱和稻蓟马等常发性病虫防治工作。秧田期管理过程中，应经常去除秧田杂株和杂草，保证秧苗纯度。

7. 秧苗

秧苗应根系发达、苗高适宜、叶挺色绿、茎部粗壮，均匀整齐，秧根盘结不散。清秀无病，无黑根枯叶。早稻叶龄 3.1～3.5 叶，苗高 12～18cm，秧龄 25～30d；单季稻和晚稻叶龄 3.0～4.0 叶，苗高 12～20cm，秧龄 15～20d。苗齐苗匀，根系盘结牢固，提起不散。常规稻：平均每平方厘米有苗 1.7～3.0 株；杂交稻：平均每平方厘米有苗 1.2～2.5 株。机插前，提前 2～3d 脱水晒板，秧块表层土壤湿度以手指下压稍微起窝为宜。

8. 起运

秧盘起秧时，先拉断穿过盘底渗水孔的少量根系，连盘带秧一并提起平放，然后小心卷苗脱盘，起秧时应减少秧苗茎折，确保秧块不变形、不断裂。根据机插时间和进度安排起秧时间，起运移栽应根据不同的育秧方法采取相应措施，做到随起、随运、随插，减少秧块搬动次数，避免运送过程中挤、压伤秧苗、秧块变形及折断秧苗。运到田间的待插秧苗，严防烈日照晒伤苗，应采取遮荫措施防止秧苗失水枯萎。有条件的地方可采用秧苗托盘及运秧架运秧。起盘后小心卷起盘内秧块，叠放于运秧车上，堆放层数一般以 2～3 层为宜，切勿堆放过多，避免秧块变形和折断秧苗，运至田头时应随即卸下平放，使秧苗自然舒展。

4.4.2　丘陵山区水稻机械化插秧技术

在查阅国内外相关文献资料，基于试验示范支持研究及综合利用已有相关研究成果的基础上，集成制定了适宜丘陵山区水稻机械化插秧的技术规程。机械化插秧具有定苗定穴、通风透光、作业效率高、省工节本等特点，有利于减轻病虫害，实现高产稳产。丘陵山区水稻机械化插秧可参照江西省地方标准 DB 36/T 856—2015《水稻机械化插秧技术规程》进行。其技术规程如下。

1. 作业条件

秧苗尺寸规格应符合插秧机产品说明书的规定。机插秧苗应使用规格化培育的毯状、带土秧苗。机插前，提前 2～3d 脱水晒板，秧块表层土壤湿度以手指下压稍微起窝为宜。

提倡秸秆还田，采用翻耕或旋耕，犁耕深度 18～22cm，旋耕深度 12～16cm。移栽前 1 周左右整田，犁耕深度 12～18cm，旋耕深度 10～15cm，达到秸秆还田、埋茬覆盖，再采用水田耙或平地打浆机平整田面；翻耕或旋耕应结合施用一般有机肥料和磷肥作基肥，使肥料翻埋入土，或与土层混合。插前需泥浆沉实，沙质土沉淀 1d，壤土沉淀 2d，黏土沉淀 3d，达到泥水分清，沉实而不板结，机械作业时不陷机、不壅泥。沉田后水稻机插前，耕整地质量要求做到平整、洁净、细碎、沉实，即耕整深度均匀一致，田块平整，地表高低落差不大于 3cm，泥脚深度小于 30cm，水深 1～3cm；田面洁净，无残茬、无杂草、无杂物、无浮渣等，土层下碎上糊，上烂下实。

根据水稻品种、栽插季节、农艺要求选择适宜类型的插秧机。插秧机应先进行试运转。试运转前检查和调整各紧固件、传动件、栽插臂和各运动部件的联接牢固性；检查和调整秧针、秧叉、秧箱、导轨等部件的装配间隙；检查和调整各拉线的张紧程度；检查发动机燃油、机油和各部位润滑油的加注量。将插秧机置于"空档"，启动发动机，进行 5～10min 的试运转；检查和调整各离合器手柄的操作可靠性；检查和调整液压升降机构和液压仿形系统的响应能力；检查和调整栽插臂、秧箱的工作状况；检查和调整变速挡位、左右转向机构的操作灵活性。要求插秧机各运行部件转动灵活，无碰撞卡滞现象，以确保插秧机能够正常工作。调节纵向取苗量和横向取苗次数，选择适宜的取苗量。按当地农艺要求调整株距档位。先预设插深，在田中试插后，依据情况调整插深。

2. 栽插作业

（1）栽插路线

根据稻田形状，考虑通风透光性能，确定栽插路线。栽插路线方案如下：

路线一：在田块周围留出一个工作幅宽的余地，按图4-15路线直至插完整个田块；

路线二：第一行直接靠田埂插秧，田块两端留有两个工作幅宽的余地，按图4-16路线直至插完整个田块。

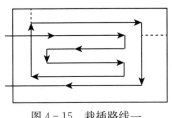
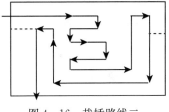

图4-15　栽插路线一　　　　　图4-16　栽插路线二

当田块的宽度为插秧机幅宽的非整数倍时，应在最后第二行程，根据需要停止一行或数行插秧，尽量留有最后一趟满幅工作的余量。

对形状不规则田块，先规划成多块规则形状，选择最优栽插路线，尽可能减少空白区域。

（2）装秧和秧苗补给

启动插秧机，在提升状态下，缓慢驶入田中，置下降状态，准备插秧。首次装秧时，应将秧箱移到最左侧或最右侧，再装秧苗，避免漏插。秧块应展平放置在秧箱上，底部紧贴秧箱不拱起。压下压苗器，压苗器压紧程度应确保秧块能顺利滑动，且不上下跳动，必要时秧块与秧箱间要洒水润滑秧箱面板，使秧块下滑顺畅。在栽插过程中应及时补给秧块，两片秧块接头处要对齐，不留间隙，补给秧块时若秧块超出秧箱，应拉出秧箱延伸板，防止秧块弯曲断裂。

（3）划印和对行

栽插时，拨开插秧机未栽插一侧的划印杆划印。转向前，收回划印杆。栽植下一行程时，插秧机中间标杆对准划印线，同时拨开下一行程插秧侧的划印杆。拉开侧对行器，侧对行器对准最外侧已插秧行。

（4）作业质量

要求机插后秧苗不漂不倒，均匀，深浅一致，以浅栽为宜。连续缺穴 3 穴以上及机械无法作业的区域，应进行人工补插。按照农艺要求，确定株距和每穴秧苗株数，调节相应株距和取秧量，保证每亩大田适宜的基本苗。单季杂交稻株距 17～20cm，每穴 2～3 株，每亩种植密度为 1.1 万～1.3 万穴；单季常规稻株距 11～16cm，每穴 3～5 株，每亩种植密度为 1.4 万～1.9 万穴；双季常规稻株距 12～16cm，每穴 3～5 株，每亩种植密度为 1.7 万～2.2 万穴；双季杂交稻株距 14～17cm，每穴 2～3 株，亩种植密度为 1.6 万～2.0 万穴；超级稻机插每穴 1～2 株。

（5）插秧作业注意事项

插秧机作业的第一行程，应尽量保持插秧机按设定路线直线行驶。栽插作业过程中要保持匀速前进。田间转弯时，发动机应减速，停止栽插并提升栽插部件。田间转移时，插秧机栽插部件应提升至最高位置，缓慢行驶。机具发生异常，应迅速切断主离合器，熄灭发动机，确定故障原因，并及时排除。

（6）安全事项

插秧机操作人员必须经过技术培训后才能操作插秧机，应穿着合身、适合作业的工作服。初次操作人员在操作熟练前应保持低速行走。使用前务必进行检查。加油、换油、加注黄油、检查机具时，应断开各离合器、关停发动机后再进行；补充燃料时，关停发动机且应等发动机冷却后再进行；检查、调整作业应在平坦场所、使机具处于下降的状态下进行；提升状态检查或保养时，应在确认液压装置有效、并采取有效的防降措施后才能进行；严禁烟火。发动机启动时，应注意插秧机周围情况，禁止与作业无关人员靠近插秧机，在室内起动运转发动机进行检查保养时，应注意开启门窗通风换气。田间作业时，禁止与作业无关人员靠近插秧机。发现异常时，立即断开离合器，关停发动机。田间倒车，应将栽植部件置于提升状态，步进式插秧机倒车距离应较短，以防止由于陷脚而造成人身伤害的危险。道路行驶时，应收回划印杆，防止导轨左、右两侧碰撞折损。下坡行驶时，禁止空挡滑行。运行过程中及熄火后，不得接触发动机机身、消音器、排气管等高温部件，防止烫伤。

（7）维护保养

作业结束后，应清除插秧机车轮等驱动部件杂物，并用清水洗净泥泞，清洗时应防止水进入发动机空气滤清器。检查插秧机各工作部件，确保部件完好，运转正常。加注或补充燃油和润滑油。按照插秧机产品说明书进行入库保养。

第 5 章

丘陵山区水稻机械化生产大田管理技术

　　南方丘陵山区光、热、水资源丰富，自然条件优越，农业生产潜力大，在我国农业生产中具有举足轻重的地位。水稻是我国南方丘陵山区种植面积最大和总产量最高的粮食作物之一，发展南方丘陵山区水稻生产对于保障国家粮食安全和社会稳定具有十分重要的现实意义（向光才，2015；贺捷等，2014；李艳大等，2011）。水稻机械化生产是现代稻作技术发展的必然趋势（王忠群等，2011；刘建辉等，2010），可有效解决劳动力季节性短缺，提高水稻生产效率（肖丽萍等，2013；徐丽君等，2012）。但受限于地理因素和农业生产条件的限制，南方丘陵山区水稻生产机械化水平一直较低，制约了农民增产增收（徐媛等，2016；叶春等，2016）。

　　充分考虑机械化作业需求，提出适宜于机械化的水稻大田管理技术，实现农机农艺有效融合是推进水稻生产机械化的重要措施（刘木华等，2015；杨乾，2012；李斯华，2011）。与平原地区相比，丘陵山区水稻生产大田管理适配机械化作业的程度远远不足（易兵等，2017；张延化等，2012）。为此，笔者在江西典型丘陵山区不同生态点开展了多年试验研究，提出了适用于丘陵山区水稻机械化生产的施肥、灌溉和无人机喷药等大田管理技术。

5.1 丘陵山区水稻机械化生产施肥管理技术

5.1.1 侧深施用控释肥技术

水稻侧深施肥是应用水稻侧深施肥插秧机在插秧的同时将肥料定位、定量、均匀的施在秧苗一侧一定深度土壤中的一种施肥技术（Zhang 等，2017；Liu 等，2015）。利用该技术可同步插秧和施肥，实现水稻定量、精准深施肥，具有节肥增效、省时省力、降低用工成本和提高工作效率等优势（怀燕等，2020；鲁立明等，2018；杨成林等，2018）。缓控释肥是一类养分释放速率缓慢，释放周期长，能满足作物整个生长周期生长所需的肥料，具有养分释放与作物吸收同步，减少追肥次数和节肥省工等特点（陈立才等，2022；王文丽等，2019；邢晓鸣等，2015）。将侧深施肥技术与控释肥相结合能提高水稻产量和氮肥利用率（赵立军等，2019；孙锡发等，2009）。笔者前期以九香粘品种为材料，研究了不同侧深施肥方式＋不同类型控释肥组合处理（表 5-1）对机插稻生长、产量及氮肥农学利用率的影响，筛选适宜丘陵山区机插稻的侧深施肥方式＋控释肥组合（陈立才等，2020）。

表 5-1　不同施肥方式和肥料类型组合

处理	施肥方式	肥料类型	基肥用量/(kg/hm²)	分蘖肥用量/(kg/hm²)	穗肥用量/(kg/hm²)	总氮肥量/(kg/hm²)
C1	传统撒施	普通尿素	90	54	36	180
C2	侧深施肥	控释尿素	90	54	36	180
C3	减氮 20％侧深施肥	控释尿素	72	43.2	28.8	144
C4	侧深施肥	控释复合肥	90	54	36	180

注：C1 表示传统撒施，C2 表示侧深施肥＋控释尿素，C3 表示减氮 20％侧深施肥＋控释尿素，C4 表示侧深施肥＋控释复合肥。下同。

　　图 5-1 展示了不同施肥方式＋肥料类型处理下机插稻的茎蘖动态。如图 5-1 所示，侧深施肥处理下的水稻分蘖速度高于传统撒施（C1）处理下的水稻分蘖速度。3 种侧深施肥处理方式当中，侧深施肥＋控释复合肥（C4）处理下的水稻分蘖速度最快，移栽后 49d，其分蘖数达到 568.94 万/hm²，但

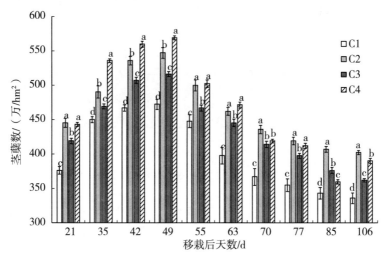

图 5-1　不同施肥方式和肥料类型处理对机插水稻茎蘖动态的影响

到水稻生育后期，侧深施肥＋控释尿素（C2）处理下的水稻分蘖数相对较高。

株高与水稻品种的高产潜力密切相关，适当增加株高有利于提升产量，但株高过高又会降低水稻的抗倒性。图5－2展示了不同施肥方式＋肥料类型处理下机插水稻株高的动态变化。如图5－2所示，侧深施肥＋控释复合肥（C4）和侧深施肥＋控释尿素（C2）处理下机插稻的株高高于其他处理。但到收获期时，不同处理间的株高差异表现不明显。表明采用侧深施肥处理＋控释肥处理能够在一定程度上提高机插稻株高，进而为提高产量打下基础。

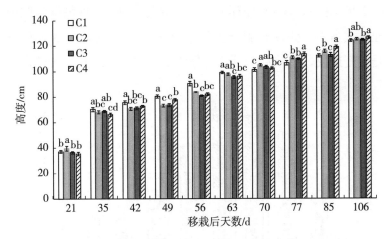

图5－2　不同施肥方式和肥料类型处理对机插水稻株高的影响

图5－3为不同施肥方式＋肥料类型处理下机插稻叶干重的动态变化。如图5－3所示，在水稻生育前期，侧深施肥（C2、C3、C4）处理下水稻的叶干重较传统撒施（C1）处理

高，尤其是在分蘖中期至收获期，两类施肥方式下水稻叶干重差异明显。具体比较不同侧深施肥处理，侧深施肥＋控释复合肥（C4）处理下的水稻叶干重最高，其次为侧深施肥＋控释尿素处理（C2）。

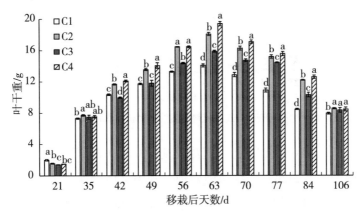

图 5-3　不同施肥方式和肥料类型处理对机插水稻叶干重的影响

图 5-4 为不同施肥方式＋肥料类型处理下机插稻茎干重的动态变化。如图 5-4 所示，在生育前期，传统撒施（C1）处理下机插稻的茎干重相对较高。但到分蘖盛期后，侧深施肥（C2、C3、C4）处理下机插稻的茎干重开始超过传统撒施处理。不同侧深施肥处理相比较，侧深施肥＋控释尿素（C2）处理机插稻的茎干重最高。表明侧深施肥＋控释肥处理在水稻发育后期对茎干发育具有促进作用。

图 5-5 为不同施肥方式＋肥料类型处理下机插稻穗干重的动态变化。如图 5-5 所示，在孕穗前期，传统撒施（C1）处理下水稻穗重较高，说明传统撒施普通尿素有利于促使早成

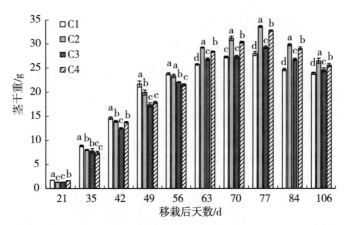

图 5-4　不同施肥方式和肥料类型处理对机插水稻茎干重的影响

穗。但从移栽后 84d 起，侧深施肥（C2、C3、C4）处理下水稻穗干重开始超过传统撒施处理，其中又以侧深施肥＋控释尿素（C2）处理穗干重最大，到移栽后 106d 时，其单株穗干重达到 34.68g，增产潜能较大。

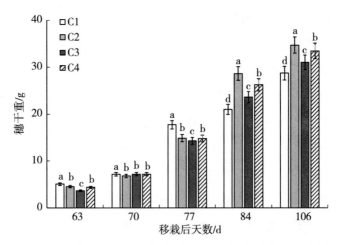

图 5-5　不同施肥方式和肥料类型处理对机插水稻穗干重的影响

表5-2所示为不同施肥方式＋肥料类型处理下机插稻的产量和产量构成。结果显示，不同处理的有效穗数具体表现为：（侧深施肥＋控释尿素，C2）＞（侧深施肥＋控释复合肥，C4）＞（减氮20％侧深施肥＋控释尿素，C3）＞（撒施＋普通尿素，C1），其中，C2处理有效穗数最高，达到402.40万/hm²左右；不同处理机插稻的千粒重和结实率差异不显著；侧深施肥处理下机插稻的理论产量和实际产量均高于传统撒施处理，其中以C2处理产量最高，理论产量和实际产量分别达到14 031.64kg/hm²和9 184.95kg/hm²左右，明显高于其他处理。

表5-2 不同施肥方式和肥料类型处理对产量和产量构成的影响比较

处理	有效穗数/（万/hm²）	穗粒数	千粒重/g	结实率/％	理论产量/（kg/hm²）	实际产量/（kg/hm²）
C1	335.73±7.65c	150.94±1.50b	26.43±0.42a	83.67±0.41b	11 209.23±506.04c	8 351.70±21.35c
C2	402.40±2.91a	154.56±0.81a	26.41±0.16a	85.42±0.66a	14 031.64±175.43a	9 184.95±36.52a
C3	361.92±2.62c	155.21±0.32a	26.43±0.39a	85.05±0.60a	12 626.93±58.24b	8 980.80±89.96b
C4	390.50±3.74b	156.88±0.40a	26.48±0.10a	85.48±0.30a	13 867.31±194.72a	9 051.15±12.61b

表5-3展示了不同施肥方式＋肥料类型处理下机插稻的氮肥农学利用率。结果显示，不同处理下机插稻的氮肥农学利用率从大到小依次为：（减氮20％侧深施肥＋控释尿素，C3）＞（侧深施肥＋控释尿素，C2）＞（侧深施肥＋控释复合肥，C4）＞（撒

施＋普通尿素，C1)，侧深施肥各处理机插稻的氮肥农学利用率高于传统撒施处理，C2、C3、C4 处理氮肥农学利用率较 C1分别提高约 34.57％、57.62％和 29.02％；不同侧深施肥处理之间，C3 处理表现最优，表明该处理对于提高水稻的氮肥农学利用率具有明显促进作用。

表 5－3　不同处理的氮肥农学利用率比较

处理	氮肥农学利用率/kg	比 C1 提高/％
C1	13.39±0.26c	—
C2	18.02±0.06b	34.57
C3	21.11±0.70a	57.62
C4	17.28±0.10b	29.02

通过比较不同施肥方式＋肥料类型处理下机插稻的生长、产量及氮肥农学利用率，发现采用侧深施用＋控释尿素处理能促进水稻茎蘖早生快发，提高水稻叶、茎、穗等器官干物重，提高水稻有效穗数、穗粒数、结实率和产量。表明在南方丘陵山区水稻采用侧深施用＋控释尿素处理，不仅能提高机插中稻产量和氮肥农学利用率，还能减少肥料施用量，提高氮肥的利用效率。

5.1.2　常规施肥技术

1. 肥料施用量

早稻：中等肥力田块，每亩总施肥量为纯氮 10kg（46％

尿素 22kg）、纯钾 10kg（60％氯化钾 17kg）和纯磷 6.2kg（12.5％过磷酸钙 50kg）；晚稻：中等肥力田块，每亩总施肥量为纯氮 12kg（46％尿素 26kg）、纯钾 12kg（60％氯化钾 20kg）和纯磷 8.7kg（12.5％过磷酸钙 70kg）；一季稻：中等肥力田块，每亩总施肥量为纯氮 16.1kg（46％尿素 35kg）、纯钾 16.2kg（60％氯化钾 27kg）和纯磷 10.6kg（12.5％钙镁磷肥 85kg）。

分基肥、分蘖肥、穗肥 3 次施用（如用其他肥料，可按其氮、磷、钾含量折算成上述总施肥量）；前期重施，促早生快发；后期轻施，避免贪青晚熟。除磷肥作为基肥在耕整地时一次性施用外，氮肥和钾肥分期施用，有条件的可增加有机肥施用量，减少化肥施用。

2. 施肥时间

基肥：在耕整地前，早稻每亩施 11kg 尿素（纯氮含量 46％）和 50kg 钙镁磷肥（纯磷含量 12.5％）；晚稻每亩施 14kg 尿素和 70kg 钙镁磷肥；一季稻每亩施尿素 17kg。钙镁磷肥 85kg 作底肥，有条件的可增施有机肥，减少化肥用量。先施肥再耕翻，达到土肥交融。分蘖肥：插后 7～10d 内，早稻每亩追施尿素 6kg、氯化钾 10kg；晚稻每亩追施尿素 8kg、氯化钾 10kg；一季稻每亩施尿素 8kg、氯化钾 14kg。穗肥：分蘖盛期后（机插后 30～35d），早稻每亩施尿素 5kg、氯化钾 7kg 作穗肥；晚稻每亩施用尿素 4.2kg、氯化钾 10kg 做穗肥；一季稻每亩施尿素 10kg、氯化钾 13kg。破口期可根据苗情每亩喷磷酸二氢钾 150g 对水 50kg 叶面喷雾，可提高成穗率和结实率，防水稻植株早衰。

5.2 丘陵山区水稻机械化生产灌溉管理技术

适宜的水分管理，可调控水稻生长发育。丘陵山区水稻机械化生产过程中，灌溉管理总体原则是做到深水活棵，浅水分蘖，有水孕穗抽穗，干湿壮籽。其主要技术要点如下。

5.2.1 分蘖阶段

浅湿勤灌，促进根系活力。返青后应浅水灌溉，水深 1~2cm。灌水后待其自然落干，再上新水，促进分蘖早生快发。

5.2.2 搁田控苗阶段

进入够苗期后，即每亩总苗数达到预期穗数的 80%（常规稻 20 万左右，杂交稻 17.5 万左右）时，开始晒田控苗。晒田要做到"看天、看地、看苗、看品种"，对叶色深、长势旺、发苗较多、底肥足的田块及分蘖力强的品种要早晒、重晒，即晒到田边开大裂，田中开小裂；对叶色浅、长势健、群体较少的田块及分蘖力弱的品种适当轻晒，即晒到田边开小裂，田中硬皮，表土不白，人走留脚印但泥不沾脚，叶色稍褪淡；对长势太差的田块提倡水分自然落干，不晒。

5.2.3　孕穗阶段

孕穗期至抽穗扬花期应保持 2～3cm 水层，以保证颖花分化和抽穗扬花。这一阶段温度高，蒸发量、需水量大，切忌断水。晚稻抽穗扬花期间如遇寒露风等低温、大风天气应灌深水以保温。

5.2.4　灌浆结实阶段

抽穗扬花期至灌浆前期采用间歇灌溉的方式，以灌跑马水为主，干湿交替。收割前 5～7d 断水，过早断水易出现早衰。

5.3　丘陵山区水稻机械化生产无人机喷药技术

近年来，具有作业效率高、成本低、受田块地形影响小、安全性高等优点的无人机喷药逐渐成为水稻病虫害防治的首选施药方式（张东彦等，2014；薛新宇等，2013）。笔者通过观测不同作业参数下无人机喷施雾滴在水稻冠层内的沉积分布、防治效果、产量及经济效益，确定了适宜机插稻的无人机喷药作业参数（李艳大等，2021）。

5.3.1 雾滴沉积量的分布特征

表5-4展示了不同作业参数下无人机喷药后，药液雾滴在水稻冠层中的沉积量分布。结果显示，雾滴沉积量在水稻冠层垂直方向上总体表现为上部＞中部＞下部，三个部位雾滴沉积量占比分别为50.80％、29.29％和19.91％。飞行高度增加

表5-4 不同喷施方式的雾滴沉积量分布特征

喷施方式	飞行高度/m	施药量/(g/hm²)	雾滴沉积量/(μL/cm²)		
			冠层下部	冠层中部	冠层上部
无人机喷施	1.5	140	0.092 1b	0.142 3c	0.248 0b
		180	0.133 5a	0.163 5b	0.322 5a
		220	0.142 4a	0.186 2a	0.340 9a
	2.0	140	0.054 5c	0.109 7b	0.161 6c
		180	0.097 3b	0.162 2a	0.269 5b
		220	0.130 6a	0.166 1a	0.307 2a
	2.5	140	0.034 7c	0.065 0c	0.099 1c
		180	0.067 0b	0.127 0b	0.189 8b
		220	0.110 2a	0.146 4a	0.260 9a
人工喷施		140	1.313 3b	5.907 7b	12.048 9b
		180	1.638 6a	6.230 8b	13.387 6b
		220	1.831 7a	6.825 4a	14.002 1a
平均		无人机喷施	0.095 8b	0.140 9b	0.244 4b
		人工喷施	1.594 5a	6.321 3a	13.146 2a

注：相同飞行高度的不同施药量或不同喷施方式间，标以不同字母者在0.05水平上差异显著。下同。

会降低冠层的雾滴沉积量，如设置施药量为 140g/hm² 时，飞行高度从 1.5m 上升至 2.5m 时，冠层上部雾滴沉积量从 0.248 0μL/cm² 下降至 0.099 1μL/cm²；施药量增加则会增大冠层雾滴沉积量，如设置无人机飞行高度为 2m 时，140g/hm²、180g/hm² 和 220g/hm² 三个施药量下水稻冠层中部的雾滴沉积量分别为 0.109 7μL/cm²、0.162 2μL/cm² 和 0.166 1μL/cm²。而与人工喷药相比较，无人机喷药的总药量显著降低。

5.3.2　雾滴均匀性和雾滴穿透性的分布特征

表 5-5 展示了不同作业参数下无人机喷药后，冠层药液雾滴均匀性和雾滴穿透性的变化。结果显示，冠层雾滴均匀性在垂直方向总体呈上部＞中部＞下部的趋势，三个部位的平均雾滴均匀性变异系数分别为 7.47%、9.45% 和 12.70%。飞行高度增加提高了冠层雾滴分布的均匀性，如施药量设置为 180g/hm² 时，1.5m、2m 和 2.5m 三个飞行高度下冠层中部的雾滴均匀性变异系数分别为 10.32%、9.86% 和 9.28%；施药量增加增大了冠层雾滴分布的均匀性，如飞行高度为 1.5m 时，140g/hm²、180g/hm² 和 220g/hm² 三个施药量下冠层上部的雾滴均匀性变异系数分别为 10.07%、9.88% 和 9.41%。冠层雾滴穿透性随飞行高度的升高而不断增大，如在施药量 220g/hm² 时，1.5m、2m 和 2.5m 飞行高度下的冠层雾滴穿透性变异系数分别为 46.72%、46.41% 和 45.62%；施药量增加

会增大冠层雾滴穿透性，如在飞行高度 1.5m 时，140g/hm²、180g/hm² 和 220g/hm² 三个施药量下的冠层雾滴穿透性变异系数分别为 49.49%、49.19% 和 46.72%。与人工喷药相比，无人机喷药的雾滴均匀性和穿透性均显著上升，分别增加 26.27% 和 34.73%。

表5-5 不同喷施方式的雾滴均匀性与穿透性分布特征

喷施方式	飞行高度/ m	施药量/ (g/hm²)	均匀性变异系数/%			穿透性变异系数/%
			冠层下部	冠层中部	冠层上部	
无人机喷施	1.5	140	16.72a	10.40a	10.07a	49.49a
		180	12.89b	10.32a	9.88a	49.19a
		220	10.92b	9.84b	9.41b	46.72b
	2.0	140	12.48a	10.19a	9.05a	49.33a
		180	10.70b	9.86b	6.15b	49.31a
		220	10.63b	9.43c	6.04b	46.41b
	2.5	140	10.75a	9.68a	5.93a	48.65a
		180	9.71a	9.28a	5.45b	47.99a
		220	6.20b	6.05b	5.27c	45.62b
人工喷施		140	42.96a	24.84a	13.90a	83.86a
		180	35.22b	19.53b	12.65b	83.56a
		220	34.31b	16.43c	11.57b	81.00b
平均值		无人机喷施	11.22b	9.45b	7.47b	48.08b
		人工喷施	37.49a	20.27a	12.70a	82.81a

5.3.3 不同喷施方式的效益比较

由表5-6可知，无人机喷施的防治效果及水稻产量与人工喷施相比略低或持平，二者之间无显著差异。但无人机喷施可显著降低用工成本，其用工成本为 135 元/hm²，而人工喷施用工成本则为 300 元/hm²，两者相差 165 元/hm²。按照农药（75％肟菌·戊唑醇）1.1 元/g 和稻谷售价 2.5 元/kg 计算经济效益，无人机喷施的平均净收益和产投比相较人工喷施分别增加 164 元/hm² 和 20.9。表明利用无人机喷施能显著提高作业效率、减少用工量、降低生产成本并增加水稻的净收益和产投比。

表 5-6　不同喷施方式的防治效果、产量及经济效益比较

施药量/ (g/hm²)	喷施方式	防治 效果/ %	稻谷 产量/ (kg/hm²)	用药 成本/ (元/hm²)	用工 成本/ (元/hm²)	稻谷 收益/ (元/hm²)	净收益/ (元/hm²)	产投比
140	无人机喷施	56.82a	8 130.96a	154a	135b	20 327a	20 038a	70.3a
	人工喷施	57.59a	8 130.43a	154a	300a	20 326a	19 872b	44.8b
180	无人机喷施	66.52a	8 210.45a	198a	135b	20 526a	20 193a	61.6a
	人工喷施	67.21a	8 212.58a	198a	300a	20 531a	20 033b	41.2b
220	无人机喷施	86.44a	8 279.13a	242a	135b	20 698a	20 321a	54.9a
	人工喷施	86.72a	8 279.13a	242a	300a	20 698a	20 156b	38.2b
平均	无人机喷施	69.93a	8 206.85a	198a	135b	20 517a	20 184a	62.3a
	人工喷施	70.51a	8 207.38a	198a	300a	20 518a	20 020b	41.4b

注：相同施药量的不同喷施方式间，标以不同字母者在 0.05 水平上差异显著。

总体来看，无人机喷施与人工喷施相比具有作业质量一致，药液雾滴均匀性高等优点。这主要是由于无人机能够利用下旋气流使水稻植株摇摆倾斜，使药液穿透冠层到达中下部，

从而增加了药液的穿透性（韩冲冲等，2019）。此外，与人工喷施相比，无人机喷施还具有较大的经济效益，能在保证丰产的同时减少用工成本，提高净收益和产投比，在南方丘陵山区水稻丰产高效栽培中具有推广应用价值。

第 6 章

丘陵山区水稻收获机械与机械化收获技术

　　我国南方丘陵山区农田面积小、形状不规则、坡陡弯多、机耕道等基础设施建设较差，导致机械化收获难度大。当前种植的水稻品种大多为具有高产、分蘖强、茎秆粗、草谷比大等特性的超级稻品种（许阳东等，2019；王家胜等，2016），这些农艺特性对联合收割机作业性能提出了更高的要求。目前市场上的联合收割机品牌多且性能优，由于丘陵山区水田地块条件制约，联合收割机结构尺寸和动力受到限制，大型的水稻联合收割机械无法下田作业，适应丘陵山区的中小型联合收割机机型少，品种单一，难以满足丘陵山区水稻收获机械化的迫切要求。

　　稻谷收获后晾晒干燥是水稻生产的重要环节，主要有机械烘干和自然晾晒干燥两种方式。虽然机械烘干方式效率高，但存在烘干设备价格高、烘干成本高、占用场地大等问题。目前丘陵山区稻谷干燥主要以自然晾晒方式为主，将稻谷晾晒至晒场或农田附近的公路上，依靠人工摊晒与收集装袋，用工量多，劳动强度大，作业效率低。在南方水稻收获季节易遭遇雷雨等恶劣天气，人工操作不能及时收集大量的稻谷，容易造成稻谷霉烂变质及不可预见的经济损失（张强，2013）。广大种粮大户、家庭农场、合作社等新型经营主体对适应丘陵山区作业的轻简型水稻联合收割机和稻谷收集机的需求日趋迫切。本章主要介绍南方丘陵山区轻简型全喂入履带式水稻联合收割机和稻谷收集机的设计研发及其应用效果。

6.1　轻简型全喂入履带式水稻联合收割机

6.1.1　总体结构与工作原理

1. 总体结构

轻简型全喂入履带式水稻联合收割机由拨禾轮、割台、中间输送装置、脱粒清选装置、液压升降及操纵、风机、行走底盘和发动机等组成，如图 6-1 所示。

2. 工作原理

当机具在田间作业时，分禾器将幅宽内的水稻植株分开扶起，拨禾轮把进入分禾器的水稻拨向切割器，割刀割断水稻茎秆；被割下的水稻在自重、机具前进速度和拨禾轮的共同作用下倒向割台，通过割台搅龙的螺旋叶片将水稻送到输送槽入口处，由割台搅龙的伸缩扒指拨入输送槽口，输送槽的平皮带把水稻送入脱粒滚筒；进入脱粒滚筒的水稻在钉齿、滚筒盖导向

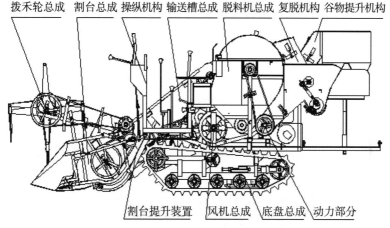

拨禾轮总成 割台总成 操纵机构 输送槽总成 脱料机总成 复脱机构 谷物提升机构

割台提升装置 风机总成 底盘总成 动力部分

图6-1 轻简型全喂入履带式水稻联合收割机示意图

板的共同作用下做圆周和轴向运动，水稻在运动过程中多次受到钉齿的打击、梳刷，在凹板筛上进行揉搓而脱粒。脱下的籽粒穿过凹板筛落到振动筛上，经风扇和振动筛的清选后落入水平籽粒搅龙，最后运至粮箱后进行装袋；清选筛筛出的较粗茎秆和籽粒等混合物经二次搅龙送至二次滚筒再进行脱粒；粗茎秆沿脱粒滚筒移到脱粒机端部，被滚筒的离心力抛出；碎草颖壳等轻杂物被风扇气流吹出机外，从而完成切割、输送、脱粒分离、清选和装袋等工序的联合作业。

6.1.2 关键部件设计

1.割幅设计

依据南方丘陵山区水稻生长特点，每公顷水稻产量一般在

5 250～9 000kg 之间，以留茬高度 25cm 收割，割取物草谷比在 1.1～1.3，割下水稻谷粒率（籽粒质量与总质量之比）取 0.45。割幅按照公式（6-1）计算：

$$B=10\ 000q \cdot \beta_0 / (M \cdot v_m) \qquad (6-1)$$

式中：B——收割机的割幅/m；

q——联合收割机的喂入量/(kg/s)；

β_0——割下水稻谷粒率（籽粒质量与总质量之比），取 0.45；

M——水稻产量/(kg/hm^2)；

v_m——收割机的作业速度/(m/s)。

在脱粒滚筒喂入量 1.0kg/s 左右时，籼稻全喂入联合收割机的作业速度为 0.75～1.0m/s，收割机作业速度取 1.0m/s，经计算，割幅可以设计在 500～1 143mm 之间，参照现有同类产品的割幅，该机设计割幅宽度为 1 360mm。割台如图 6-2 所示。

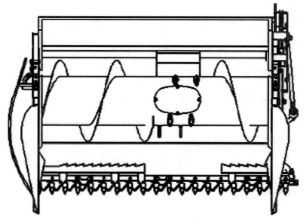

图 6-2　割台示意图

2. 行走系统设计

(1) 行走机构形式

丘陵山区田块小，土壤含水率高，承压能力低。履带式行走机构具有接地面积大，接地压力小，下陷量少，转弯半径小，田间转弯灵便，跨沟过埂能力强等优点。但结构复杂，质量较大，成本较高，容易磨损。为了提高联合收割机在水田的通过性，本设计采用橡胶履带自走式行走机构。

(2) 履带接地长度 L_0

履带接地长度 L_0 影响联合收割机水田通过性和行走的稳定性。接地长度过小，接地压力大，水田通过性和纵向稳定性差，容易产生"翘头"或"翘尾"现象，造成割茬时高时低的问题；接地长度过大，转向阻力增大，转向困难，履带的接地长度一般应满足接地压力要求。履带的接地长度依据公式（6-2）计算：

$$L_0 \geqslant \frac{G}{2b[P]} \qquad (6-2)$$

式中：L_0——履带接地长度/cm；

G——履带支承的质量/kg；

b——履带宽度/cm；

$[P]$——一定下陷深度的土壤允许比压/(kg/cm²)，在缺乏土壤性能资料的情况下，可以参考同类机型所定的平均接地压力 P_p。

履带自走式联合收割机的 P_p 值一般要求：小型机为 20～25 kPa。本机具的质量设计控制在 1 250kg 以内，接地压力依据相关标准要求，初步定为 20 kPa，履带宽度初选 300mm，适应机具重量范围 900～1 400kg。依据公式（6-2）得履带接地长度 $L_0 \geqslant$ 1.04m，该机设计履带接地长度 L_0 取 1.1m。收割机一般要求 b/L_0 应在 0.24～0.33 之间。本设计 b/L_0 为 0.27，符合设计要求。

（3）履带轨距

轨距的大小影响联合收割机的横向稳定性和转弯半径，而且还与割台割幅有关。轨距大，稳定性较好，但转弯半径较大；轨距小，稳定性差，转弯半径较小。割台割幅必须大于轨距，而且应有足够的余量，以保证转弯时，履带不会压到未收割的水稻。轨距依据公式（6-3）计算：

$$B_0 \leqslant B - 2\Delta - b \tag{6-3}$$

式中：B_0——轨距；

Δ——防止履带压倒未割水稻的保护区宽度，一般取 100～200mm，本设计取 100mm。

经计算，轨距 B_0 应小于或等于 860mm。本设计轨距定为 860mm。考虑到滚动阻力、转向阻力及附着系数等因素，一般要求 $L_0/B_0 \leqslant 1.5$，小型机取 1.2～1.4。本设计 L_0/B_0 为 1.27，符合设计要求。

（4）驱动装置设计

履带式行走装置的驱动形式有轮齿驱动和轮孔驱动两种。大多数联合收割机采用轮齿驱动形式，这种驱动形式结构简单，啮合可靠，使用寿命长。本设计采用轮齿驱动形式。

（5）底盘机架

联合收割机底盘机架是割台、发动机、驾驶室、脱粒清选装置、粮箱等各总成的安装基础。作为这些总成的安装基体，机架承受这些总成的质量及其传给机架的各种力和力矩，主要包括纵向弯曲、扭转、横向弯曲、水平菱形扭转以及它们的组合，是联合收割机的关键承载部件。机架的刚度和强度对整机安全使用及性能的影响很大，在设计时主要考虑：具有足够的强度，保证在使用期限内，机架的主要零部件不因受力而破坏；具有足够的抗弯刚度，如机架的最大弯曲挠度应小于10mm，以免机架上的总成因变形过大而发生早期损坏；机架要有合适的扭转刚度，机架两端的扭转刚度大，中间一段小；车架要轻，一般其自身质量应在整车整备质量的10%以内。

基于上述考虑，本设计机架主要采用型钢焊接而成。主要承载梁（包括纵梁和横梁）采用 60mm×40mm×4mm 矩形钢，次要构件用矩形钢或其他型钢。本结构重量轻，抗弯性能强，弯曲挠度小。

3. 螺旋推运器设计

螺旋推运器的功能是将割下的物料输送割台的中间或一侧，通过伸缩扒指，将物料送至倾斜输送装置再进入脱粒滚筒。

（1）输送形式

采用向中间输送形式，这种结构型式减少了割台物料输送距离，缩短了输送时间，从而减少了割台堵塞的概率。

（2）主要参数确定

①螺旋推运器内径：输送螺旋的内径应该使其周长大于割

下物料的长度，以避免发生茎秆缠绕。螺旋推运器内径一般采用 300mm，本设计取螺旋内径为 300mm。

②螺旋外径：确定螺旋外径主要考虑螺旋叶片旋转时，其叶片高度与割台底板所形成的空间能容纳割下的物料，否则容易造成输送堵塞。本设计选择叶片高度为 100mm，则螺旋外径为 500mm。

③螺旋推运器的螺距：螺距的大小决定了螺旋的输送能力，而且螺旋的升角应保证能克服物料对螺旋的摩擦阻力，才能顺利地输送物料。螺旋推运器的螺距割水稻时为 300～400mm，本设计取螺距为 350mm。

④输送器转速：螺旋转速决定推运器输送物料的能力。转速过低，容易产生堵塞；转速过高，又容易使物料跟着旋转，反而影响输送，并可能带来割台脱粒和破碎问题。为了避免割台产生振动和输送时的掉粒损失，输送器的转速不宜过高，水稻联合收割机的输送器转速一般为 150～200r/min，本设计推运器转速为 150r/min。

4. 拨禾轮设计

(1) 拨禾轮工作要求

拨禾轮拨禾板工作时的运动，是拨禾轮的绕轴旋转运动和机具前进运动的复合运动，运动轨迹为一余摆线（图 6-3）。其余摆线的形状应满足以下要求：拨禾板插入禾秆时，其水平分速度应尽可能小；当禾秆被切割断后，拨禾板应有向后的水平分速度，能将割下物料拨向割台，即拨禾轮圆周速度与机具

前进速度之比 λ 必须大于1，在1.2～2之间；拨禾板插入禾杆扶持切割时，其位置应作用在禾杆割取部分的1/3处，以保证稻穗能倒向割台内侧。

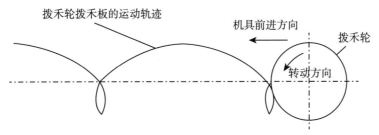

图6-3　拨禾轮拨禾板的运动轨迹

（2）拨禾轮半径

分析拨禾轮拨禾板入禾扶持点运动轨迹如图6-4，其半径按照公式（6-4）计算：

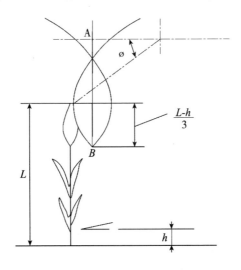

图6-4　拨禾轮拨禾板入禾扶持点运动轨迹

$$R=|AB|=R\sin\!\o+\frac{1}{3}(L-h) \qquad (6-4)$$

$$\sin\!\o=1/\lambda$$

式中：R——拨禾轮半径/mm；

$|AB|$——拨禾轮拨禾板运动轨迹最低点 B 与拨禾轮
中心点所在位置 A 的距离/mm；

L——水稻自然生长高度/mm；

h——割茬高度/mm；

$\o$——入禾扶持角/°；

λ——拨禾速度比，即拨禾轮圆周速度与机具前进速度
之比（收割籼稻时，$\lambda=1.5\sim2.5$），本设计
取 2.0。

水稻自然生长高度 900mm 左右，割茬高度 250mm，则拨
禾轮的半径 $R=433.33$mm。因偏心拨禾轮的拨齿较长，起到
加大直径的作用，因此直径选择应比计算值小，本设计取
$R=375$mm。

为了保证拨禾板的拨禾作用，其圆周速度 U 必须大于机
具的作业速度 V_m，即 $\lambda=U/V_m>1$，增大 U 和 λ 可增强拨禾
作用，但过大容易造成穗部冲击脱粒造成损失增大。一般圆周
速度在 $1\sim3$m/s 之间，收割水稻时，$U<1.8$m/s，本设计取
$U=1.7$m/s。

拨禾轮转速 n 根据公式（6-5）计算：

$$n=\frac{60U}{\pi D} \qquad (6-5)$$

式中：n——拨禾轮转速/(r/min)；

　　　U——拨禾轮圆周速度/(m/s)；

　　　D——拨禾轮直径/mm。

经计算可得 $n=43.31$r/min，本设计取拨禾轮转速为 41r/min。其圆周速度为 $U=1.7$m/s，考虑到联合收割机在田间行走的打滑率，实际拨禾轮圆周速度与行走速度之比 λ 值在 1.5 左右。本机在结构上增加拨禾轮高度和前后位置可调的装置，使割台对不同生长高度的水稻收获的适应性更强。

5. 中间输送装置

联合收割机中间输送装置采用链耙式结构，工作可靠，使用调整和维修方便。

（1）输送链链耙速度

适当提高输送链耙速度，可以减少脱粒功率的消耗，减少脱粒损失，提高凹板筛的分离率。本设计将输送链耙转速设计为 426r/min，链条规格选用节距为 12.7mm 的套筒滚子链，内链轮齿数为 38 齿，输送链链耙速度为 3.43m/s，有利于提高喂入量，减少脱粒滚筒功率消耗。

（2）输送槽位置

输送槽的位置置于机具前进方向偏右方，物料从脱粒滚筒的右方进入。

（3）输送槽与割台的连接

本机型输送槽与割台的连接采用固定式，如图 6-5 所示。

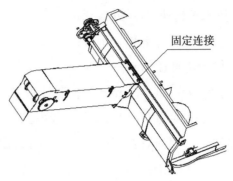

固定连接

图 6-5　输送槽联接示意图

6. 脱粒装置

联合收割机上广泛采用的脱粒装置有纹杆滚筒式、钉齿滚筒式和弓齿滚筒式三种，水稻联合收割机多数采用直流钉齿式和弓齿式或轴流滚筒式脱粒装置。本机型采用钉齿滚筒式脱粒装置。钉齿滚筒式脱粒装置主要由钉齿滚筒、凹板筛、逐镐轮等组成。为了防止缠草，钉齿的自由端一般应略向后弯曲。水稻被钉齿滚筒抓进并拖过凹板，在钉齿的冲击、梳刷和齿面、凹板弧面的搓挤作用下脱粒。脱粒滚筒的主要技术参数有：

（1）脱粒滚筒脱粒速度 v_t

脱粒速度 v_t 是影响脱粒性能的主要参数。脱粒速度增加，打击和搓擦作用加强，脱粒比较干净，凹板分离率提高，但谷粒和秸秆的破碎率将增加。对于钉齿式滚筒，脱粒速度宜在 $20 \sim 26 \mathrm{m/s}$ 之间。本机型初选脱粒滚筒的脱粒速度 $v_t = 25.5 \mathrm{m/s}$，脱粒滚筒直径为 550mm。可根据公式（6-6）计算：

$$v_t = \frac{\pi n D}{60} \tag{6-6}$$

式中：v_t——脱粒速度/（m/s）；

　　　n——滚筒转速/（r/min）；

　　　D——滚筒钉齿顶端直径/mm。

　　计算可得脱粒滚筒转速为 885.93r/min，圆整后取 890r/min。在转速 890r/min 时，脱粒滚筒实际脱粒速度为 25.6m/s，经田间性能试验，在该脱粒速度下，并未出现水稻籽粒破碎率较高的现象。

（2）凹板筛设计

　　凹板筛孔、振动筛振动强度和风扇风力都会影响谷粒清洁度，要解决谷粒清洁度较差的问题，改进的办法主要是通过缩小凹板筛孔尺寸，增大振动筛振动强度和风扇风力，使断稻草随秸秆排出机体外，减少断稻草随谷粒从凹板筛孔眼漏下。本机型凹板筛如图 6-6 所示，孔尺寸为 10mm×35mm，田间试

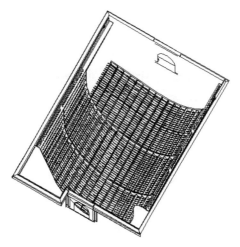

图 6-6　凹板筛示意图

验证明，脱粒能力强，凹板筛的分离效果好，稻谷含杂率低。

（3）复脱提升装置

本机型将复脱提升装置设计在机具右边，复脱物料提升后直接进入脱粒滚筒，使得结构简单，减少了堵塞的概率，工作更加流畅。

7. 稻谷清选分离机构

振动筛是联合收割机的主要工作部件。通过筛面的振动，将籽粒从脱出物中分离出来，并将茎秆等杂物排出机外，最终获得干净的籽粒。影响振动筛工作性能的参数很多，如振动频率、振幅、振动方向角、筛面安装倾角等，但最主要的是曲柄回转半径和转速。据有关试验发现，当曲柄转速低于 $250r/min$，曲柄回转半径小于 25mm 时，脱出物在筛面上移动缓慢，分离效率低，但结构运转平稳，振动小；曲柄回转半径过大，曲柄转速过高，分离效率虽然提高，但损失增大，机具振动也大。一般曲柄回转半径 r 要大于 25mm，曲柄转速要大于 $250r/min$。

振动筛的形式主要有编织筛和冲孔筛，根据本机喂入量相对小的特点，振动筛采用单层平面冲孔筛。孔眼尺寸为 $\Phi11.5mm$，比谷粒长度稍大一点，能保证谷粒从筛落下，又能比较好的阻止短茎秆落下，以提高谷粒清洁度。尾部连接一小段格栅筛，以利于风扇将茎秆杂余吹出机外。筛面有效尺寸为 $770mm\times570mm$（长×宽）。

（1）传动机构主要参数选择

本设计初步选择曲柄回转半径 $r＝35mm$，曲柄转速 $n＝$

480r/min，振动筛行程 65mm，经田间试验，在水稻产量 6 570kg/hm²，茎秆含水率 46%，籽粒含水率 28%，割茬高度 28cm，谷草比 1∶1.13 条件下，冲孔筛面后部物料厚度 2.3cm 左右，籽粒含杂率为 0.84%，清选损失率为 0.28%。说明振动筛主要参数选择合适。

为了能根据水稻不同产量和含水率，实现振动筛的倾角调整，获得好的筛分效果，本设计将连杆设计成可调形式，通过正、反螺杆调整螺杆长度，以获得清选效果最好的倾斜角度。

（2）风扇结构参数选择

稻谷联合收割机上采用的风扇为农机用型风扇，常用的为离心式，大多采用双面进气，叶片平直型。由于离心风机叶轮宽度与直径比一般都比较大，气流沿叶轮宽度方向分布的均匀性较差，前面 1/3 风速最大，中间 1/3 风速渐缓，后 1/3 风速最小。

本设计采用离心-轴流组合式风机，双面进风，直叶片，外壳采用张开度很小的蜗形。本结构特点是两进风口处安装轴流叶片，以增强吸风能力；中间用离心叶片，径向送风，以提高风压，这种结构体积小，制造简单，风量调节方便。为改善均匀度，在叶片间安装连接隔板。

6.1.3　机具性能试验

1. 试验设计与方法

2013 年 7 月，委托江西省农业机械鉴定站进行主要技术参数检测，供试材料为早稻品种中嘉早 17，试验面积 10 亩，测试机具的生产率、含杂率、破碎率、损失率等性能指标，试验方法依照机械行业标准 NY/T 2090—2011《谷物联合收割机质量评价技术规范谷物联合收割机质量评价技术规范》规定进行。

2. 结果与分析

样机田间作业性能稳定，主要性能试验结果如表 6－1 所示。

表 6－1 主要性能指标

序号	检验项目	单位	合格标准	检验结果
1	总损失率	/	≤3.0%	1.30%
2	破碎率	/	≤1.5%	0.40%
3	含杂率	/	≤2.0%	0.90%
4	平均故障时间	h	≥50	63.4
5	有效度	/	≥93%	99%
6	平均单位面积燃油消耗量	kg/hm^2	≤25	20.1
7	作业小时生产率	hm^2/h	≥0.16	0.18
8	最小离地间隙	mm	≥180	210
9	履带接地压力	kPa	≤24	23.8
10	喂入量	t/h	3.6	4.5

田间试验表明，研制的轻简型全喂入履带式水稻联合收割机，整机作业性能稳定，操作方便，适应性强，各项指标均符合标准和设计要求。

6.2　履带式电动稻谷收集机

6.2.1　总体结构与工作原理

1. 总体结构

履带式电动稻谷收集机主要由动力与传动装置、行走装置、控制装置、稻谷集拢装置、稻谷传送装置、稻谷装袋装置及机架等部分组成，其总体结构如图6-7所示。

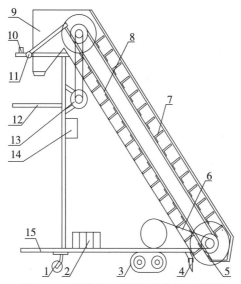

图6-7　履带式电动稻谷收集机示意图

1.转向轮　2.电池　3.行走履带　4.集谷毛刷　5.刮板槽
6.次传动链　7.刮板　8.主传动链　9.粮仓　10.电源开关
11.操作转把　12.挂袋架　13.电机　14.控制器　15.机架

2. 工作原理

该机为履带自走式，动力由蓄电池组提供。整机由支架支撑、转向轮、电池、驱动履带等安装在机架上；工作时，蓄电池组提供动力传递给电机，电机输出轴输出动力驱动整个机具前进，集谷毛刷固定安装刮板槽底部，与地面贴合，完成稻谷收集；刮板副传动轴的一端通过传动链带动二次清扫传动装置，对集谷毛刷清扫之后未收净的稻谷进行二次清扫。刮板安装于主传动刮板链上，与毛刷、刮板槽相配合，完成稻谷收集、输送功能，将粮食运送到顶端再进入粮仓；粮仓下端安装有挂袋架，用于挂放粮袋，粮仓稻谷经出粮口落入粮袋中。刮板副传动轴的另一端带动副传动链，由副传动链带动中间传动轴，从而带动行走履带实现机具自走，电机控制器通过操作转把控制整个机具的运转、停止和作业速度的快慢，机具转向与行走通过转向轮、行走履带、跨场地行走轮实现。

3. 主要技术参数

主要技术参数见表 6 - 2。

表 6 - 2　履带式电动稻谷收集机的主要技术参数

序号	项目名称	单位	参数值
1	外形尺寸（长×宽×高）	mm	1 250×880×1 360
2	结构型式	/	刮板式
3	整机质量	kg	85
4	配套动力	kW	0.5

（续）

序号	项目名称	单位	参数值
5	电压/容量	V/Ah	48/80
6	刮板（长×宽×高）	mm	600×65×20
7	刮板间距	mm	95
8	履带尺寸（长×宽×厚）	mm	444.5×50×32
9	离地间隙	mm	12~14
10	行走速度	m/s	≤0.5
11	晒场稻谷厚度	mm	≤50
12	工作幅宽	mm	600±5

6.2.2　关键部件设计

1. 主要技术参数设计

机具完成一个工作行程主要通过两个运动。

（1）机具的直线运动

通过此次运动，集谷毛刷将晒场稻谷集拢，每秒集拢稻谷能力按照公式（6-7）计算：

$$V_j = vBb \times 10^{-6} \qquad (6-7)$$

式中：V_j——集拢稻谷能力/m³；

　　　v——机具前进速度/（m/s）；

　　　B——集谷毛刷工作幅宽/mm；

　　　b——晒场稻谷厚度/mm。

①机具前进速度 v。本机型设计为手扶自走式，行走速度慢，在此状态下，操作者每一步长300~500mm，每分钟40~

60 步，即行走速度为 0.3～0.33m/s，但保证能在 0.5m/s 的速度下正常工作，本机设计值取 $v \leqslant 0.5$m/s。

②晒场稻谷厚度 b。晒场稻谷干燥最紧张、最迫切的时间在"双抢"季节。为了抢时间，晒场稻谷厚度一般在 30mm 以内，当天就能装袋进仓，但夏季雷雨多，晒场稻谷厚度有时会较厚。本机设计晒场稻谷厚度在正常情况下，平均厚度 $b=30$mm，但要保证在晒层厚度 $b > 30$mm 的情况下仍能正常工作。

③工作幅宽 B。工作幅宽设计主要考虑以下因素：有较高的生产率；要尽可能提高收净率；满足操作者顺利通行而不会踩踏未收的铺晒稻谷。根据人体一般行走的活动宽度，本机设计工作幅宽 B 为 600mm，即 $B=600$mm。

(2) 刮板链轮的旋转运动

带动安装在链条上的刮板与刮板槽配合，将集拢的稻谷刮装并提升，整机提升能力按照公式（6-8）计算：

$$V_t = V_g N \qquad (6-8)$$

式中：V_t——整机提升能力/m^3；

$\quad\quad V_g$——单个刮板提升能力/m^3；

$\quad\quad N$——提升的刮板数量/个。

为了避免集拢稻谷造成堆积，刮板的提升能力应大于集拢稻谷能力，即：

$$V_t \geqslant V_j$$

①单个刮板提升能力 V_g。单个刮板提升运动如图 6-8 所示。

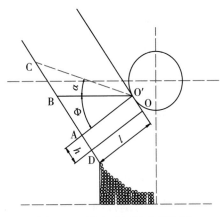

图 6-8　单个刮板提升稻谷图

刮板提升稻谷容积为 $OO'CD$ 所包围的梯形，即：

$$V_g=\left(lhB'+\frac{1}{2}l\tan(\alpha+\Phi)lB'\right)\times10^{-9} \qquad (6-9)$$

式中：l——刮板宽度/mm；

　　　　h——刮板高度/mm；

　　　　B'——刮板工作幅宽/mm，宽度与集谷毛刷工作幅宽 B

　　　　　　　相同；

　　　　α——收集稻谷的休止角/°；

　　　　Φ——刮板与水平线倾角/°。

②刮板与水平倾角 Φ 的确定。为保证刮板脱离刮板槽后，堆积在刮板上稻谷能自动滑下移至粮仓，刮板与水平的倾角 $\Phi\geqslant\alpha$。各种稻谷休止角与稻谷含水率关系密切（付海东等，2012）。在仓储水分条件下，无芒水稻休止角 α 在 $34°\sim35°$ 之间。本设计取 $\Phi=35°$，则刮板输送链轮两轴心线与地面倾角

为 55°。

③刮板高度 h。刮板高度 h 越大，刮板的提升能力越强，但刮板增高，稻谷重量对刮板和刮板槽垂直方向上的压力越大，容易造成刮板与刮板槽间隙增大，增加稻谷破碎的风险，同时刮板上堆积的稻谷多，自由下滑时间长，需增加粮仓口高度，刮板链增长，机体增大。本机设计值 $h=20mm$。

④刮板宽度 l。刮板宽度 l 越宽，刮板的提升能力越强。但刮板宽度增加同样带来与刮板高度 h 增加相似的问题。本机设计值定为 $l=65mm$。

在机具行走振动条件下，休止角 $\alpha=0°$，所以单个刮板实际提升能力 $V_g=0.001\ 67m^3$。

以稻谷容重 $\gamma=600kg/m^3$ 计算，单个刮板每次提升能力为 $m_g=\gamma V_g=1.00kg$。

2. 集谷毛刷设计

集谷毛刷是收集和清扫晒场稻谷的主要工作部件。要求毛刷结构简单、成本低且性能稳定，同时要有较高的强度、弹性和耐磨性。本设计集谷毛刷结构为排笔型式，毛刷材质为耐磨尼龙丝，并用钢板夹紧，几何尺寸（长×宽×厚）为 $615×50×20$（mm）。毛刷安装在刮板槽下方，用 5 个 M8 的螺栓固定在刮板槽底的长形孔上，可通过松、紧 M8 螺栓调整毛刷与地面的间隙。集谷毛刷设计图如图 6-9 所示。

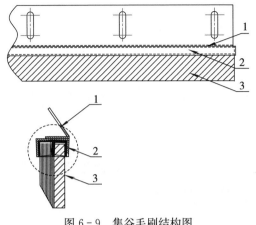

图 6 - 9　集谷毛刷结构图
1. 固定板　2. 夹板　3. 毛刷

同时，本机为了减少残留在晒场的稻谷，设计了一种与行走方向垂直的二次清扫装置，便于快速扫清晒场稻谷，提高了收净率。

3. 刮板提升装置设计

(1) 刮板间距 d

根据图 6 - 8 刮板提升运动分析，理论上，刮板间距 d 必须大于 CD，刮板间距 $d \geqslant$ 稻谷堆积高度，稻谷堆积高度可按照公式（6 - 10）计算：

$$H = h + a \cdot \tan(\alpha + \phi) \qquad (6 - 10)$$

式中：H——稻谷堆积高度/mm。

经计算得 $H = 198.59\text{mm}$，由于机具振动，休止角 $\alpha = 0°$，稻谷实际堆积高度 H 不会超过 65.51mm。刮板安装在套筒滚子链条上，选用链条链号为 10A，其节距 P_1 为 15.875mm，所以理论所需的链条节距 $P_2 = H/P = 4.13$，刮板间距 $d > 5$ 个链条节距。为安全起见，该机设计刮板间距 $d = 6P_1 = 95$mm。

（2）刮板链轮转速

①传动链选择。链传动效率高，轴距大，受气候条件影响小，能在高温和其他恶劣条件下工作，且可以任意配置特殊链节组成各种链式输送器，容易满足稻谷输送要求。本设计选用链传动，链号为 10A 的单排套筒滚子链，链节距 P_1 为 15.875mm，极限拉伸载荷 $\geqslant 21.8$ kN。

②链轮齿数 z 选择。链轮齿数大，链条总拉力下降，多边形效应减弱，结构质量增大。因此，应选用直径小、齿数少且齿数为单数的链轮。本设计选择链轮齿数 $z = 15$，分度圆直径为 76mm。

③链轮转速设计。链轮转速必须满足稻谷提升量的要求，即稻谷总提升量与集谷毛刷集拢量相适应。集谷毛刷集拢稻谷量由机具前进速度、工作幅宽和晒场稻谷铺晒厚度决定。取机具的最大前进速度 $v = 0.5$m/s，稻谷铺层平均厚度 $b = 30$mm，工作幅宽 $B = 600$mm，由公式（6-8）得每秒集谷毛刷稻谷集拢量为：$V_j = 0.009$m³，每分钟集拢的稻谷量为 324kg，单个刮板提升能力为 1.00kg，则通过刮板的频率为 324 个/min，刮板间距为 6 个链节，则链轮转速为 129.6r/min，链轮线速度 $V_L = 0.52$m/s

4. 行走装置设计

行走装置设计必须满足以下要求：接地压力尽可能小，防止因碾压造成稻谷破碎；行走平稳，以免影响作业质量；转向灵活，行走可靠。

（1）微型履带的设计

为满足上述要求，该机设计研制了一种微型履带（图6-10）。该履带通过将链条与齿块结合，把10A链条的一对平面外链板，更换为一对"Γ"形外链板（图6-11），上平面上用螺栓

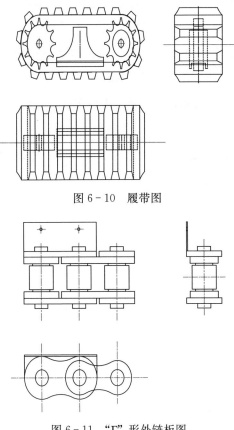

图6-10　履带图

图6-11　"Γ"形外链板图

安装一种特制的专用齿块，将传动链板变成了一条微型履带，大大增加了接地面积，减少了接地压力，转向灵活，行走可靠，同时避免了由于晒场不平而产生的颠簸跳动，明显降低了稻谷破碎率。

（2）跨场地行走轮装置

当机具在某场地作业完成后转移到另一处作业时，需要快速推进，节约时间，采用现有的微型履带装置跨场时速度偏慢。该机设计了一种手动升降跨场地行走轮装置，主要由限位板 1、支架 2 和行走轮 3 组成（图 6-12）。该装置可以通过调节限位板卡口的位置调节机具升降的高度，最大调节高度为 100mm，能够满足机具跨场地作业要求，从而实现快速跨场地作业。

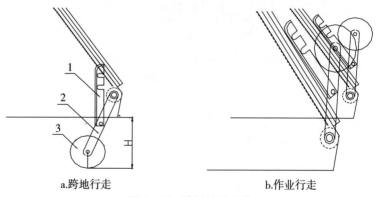

a.跨地行走　　　　　　　　　　　　　b.作业行走

图 6-12　跨场地行走轮
1. 限位板　2. 支架　3. 行走轮

5. 动力设计

（1）动力消耗计算

本机动力消耗主要有两部分：行走功率消耗和工作装置功

率消耗。

①行走装置动力消耗。履带直线行走功率消耗可按公式（6-11）计算：

$$P_1 = mgU\upsilon/1\,000 \qquad (6-11)$$

式中：P_1——功率/kW；

　　　m——机具总重量/N，按照结构质量 85kg 和每袋稻谷质量 45kg；

　　　g——重力比例常数，取值 9.8N/kg；

　　　U——阻力系数，包括内摩擦阻力系数和地面滚动阻力系数，其中：内摩擦阻力系数取 0.05，混凝土地面滚动阻力系数取 0.05；

　　　υ——机具前进速度，取 0.5m/s。

则行走装置功率消耗 $P_1 = 0.064$kW。

②工作装置动力消耗。工作装置动力消耗主要提升刮板传动链轮消耗的扭矩，功率消耗按照公式（6-12）计算：

$$P_2 = F\upsilon_l/1\,000 \qquad (6-12)$$

式中：P_2——功率/kW；

　　　F——作用在链轮上的圆周力，即刮板上稻谷重量（链条和刮板的重量忽略不计）/N；

　　　υ_l——链轮线速度/（m/s）。

工作装置功率消耗为 0.014kW，总功率消耗为 0.078kW。

(2) 动力配置及形式

配置动力应考虑传动效率和载荷变化，留有必要的功率储备，特别是要考虑在转移时，地面滚动阻力系数会发生很大的变化。本设计取动力传动系数为 1.3，功率储备系数为 1.5，则配置的功率为 $0.078 \times 1.3 \times 1.5 = 0.15 \text{kW}$。

从环保角度考虑，本设计采用蓄电池为能源，通过电机为产品提供动力。其配置为：用 4 个蓄电池（单个 12V、20Ah）串联成 48V 的电池组为电源，采用型号 XM8-12050WX 的无刷直流电机为动力，电机功率 0.5kW、电压 48V、电流 13A，充电时间 12h，可持续工作时间 3.5～4h。

6.2.3　机具性能试验

1. 试验条件

2014 年 7 月，在江西省崇仁县进行了试验。气温 33℃，平均风速 0.8m/s，试验晒场为混凝土路面。晒场谷带长 20m、宽 5m，晒场稻谷厚度分别为 30mm、40mm 和 50mm，机具匀速前进。测量每次工作时间、收集的稻谷质量和地上未收净的稻谷质量，并在试验后从总收集量中随机抽取稻谷样品 100～200g 选出破碎稻谷进行质量称重。

2. 试验测定项目与方法

破碎率：样品中破碎稻谷质量与样品稻谷质量之比。即在试验后从总收集量中取出小样 100～200g 进行处理，选出其中的破碎籽粒（需减去样品中原破碎率），测三次求平均值。

收净率：计算出单位时间内，总收集量与稻谷质量（总收集量与未收净量的总和）的比值，测三次求平均值。

纯小时工作生产率：单位时间内总收集量，测三次求出平均值。

3. 试验结果及分析

该机具不同试验条件下主要性能指标如表6-3所示。

表6-3　履带式电动稻谷收集机主要性能指标

序号	晒场稻谷厚度/ mm	收净率/ %	破碎率/ %	纯小时工作生产率/ （kg/h）
1	30	99.41	0.011	2 049.98
2	40	98.76	0.010	2 116.45
3	50	98.54	0.008	2 189.68
平均值	40	98.90	0.010	2 118.70
设计值	—	≥95	≤2.5	≥1 500

试验结果表明：该机具在设定的试验条件下工作稳定，对稻谷收集效果好，不论晒场稻谷厚度30mm还是50mm，机具均能够将晒场稻谷一次性顺利收拢、清扫、输送和装袋。但机具在不同的试验条件下，晒场稻谷的厚度会影响机具的性能，随着晒场稻谷厚度的增加，稻谷的收净率降低，稻谷破碎率略降，但差异不明显，纯小时工作生产率明显提高。该机具在不同的试验条件下，其收净率、破碎率和纯小时工作生产率平均值分别为98.9%、0.01%和2 118.7kg/h，优于设计值。该机

具主要性能指标均达到设计要求，作业质量满足当地农业技术要求，适用于晒场稻谷的收集和装袋。

6.3 履带式太阳能稻谷收集机

为充分利用大自然光源，节约煤炭、油、电等能源，减少环境污染，实现节能与环保。以现有履带式电动稻谷收集机为基础，在保持总体结构和型式不变的前提下，对动力与能源消耗方式进行了改进设计，重点针对因动力与能源消耗方式改变所涉及的部件，以提高系列产品主要零部件的通用性，最终研制了新型履带式太阳能稻谷收集机，该机具在使用的过程中能够继续充电以补充能源，延长了机具作业时间，提高了作业效率。

6.3.1 总体结构与工作原理

1. 总体结构

履带式太阳能稻谷收集机主要由动力装置、控制装置、微型履带行走装置、传动装置、稻谷集拢装置、二次清扫装置、稻谷输送装置、稻谷装袋装置及机架等部分组成，总体结构如图 6-13 所示。

2. 工作原理

该机由太阳能光伏组件提供动力，通过连接光伏充电控制器、逆变器、蓄电池、电机控制器，传递给电机，通过电机带动主传动链，再带动刮板主传动轴、刮板传动链、刮板副传动轴以及刮板运转。其余工作过程与 6.2.1 中的工作原理相同。

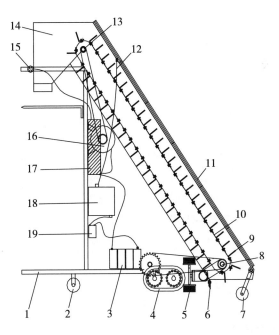

图 6-13　履带式太阳能稻谷收集机结构示意图

1. 机架　2. 转向轮　3. 蓄电池　4. 行走履带　5. 横向毛刷

6. 集粮毛刷　7. 跨场地轮　8. 次传动轴　9. 刮板　10. 刮板链

11. 太阳能板　12. 电源线　13. 主传动轴　14. 粮仓　15. 操作转把

16. 电机　17. 控制器　18. 光伏充电控制器　19. 逆变器

3. 主要技术参数

主要技术参数见表 6-4。

表 6 - 4　履带式太阳能稻谷收集机主要技术参数

序号	项目名称	单位	参数值
1	外形尺寸（长×宽×高）	mm	1 280×880×1 360
2	结构型式	/	刮板式
3	整机质量	kg	93
4	配套动力	kW	0.5
5	电压/容量	V/Ah	48/80
6	太阳能光伏组件面积	m²	2 组×0.62
7	太阳能光伏组件输出电压	V	24～28
8	刮板（长×宽×高）	mm	600×65×20
9	刮板间距	mm	95
10	履带尺寸（长×宽×厚）	mm	444.5×50×32
11	离地间隙	mm	12～14
12	行走速度	m/s	≤0.5
13	晒场稻谷厚度	mm	≤50
14	工作幅宽	mm	600±5

6.3.2　关键部件设计

1. 动力选择

根据履带式电动稻谷收集机配置的功率为 0.15kW。从环保角度考虑，本机设计采用 48V、20Ah，功率为 0.96kW 的蓄电池作为能源，电机功率为 0.5kW，电压为 48V。

2. 太阳能光伏组件选择

根据稻谷收集机的工作时间和太阳能光伏组件的经济性，

本设计采用多晶硅太阳能光伏组件为蓄电池充电，充电时间可按照公式（6-13）计算：

$$t = \frac{p_1}{\eta_1 p_2 \eta_2 S} \tag{6-13}$$

式中：t——充电时间/h；

　　　p_1——蓄电池功率/kW；

　　　η_1——充电转换率；

　　　p_2——太阳能照射在地球上的功率/（kW/m^2）；

　　　η_2——太阳能的转化效率；

　　　S——太阳能组件的面积/m^2。

本机设计作业时间 3h，机具充电时间 6～8h。太阳照射在地球上每平方米的功率约 1kW，蓄电池充电转换率为 90%，取太阳能电池转化率为 15%，根据本机配备的蓄电池型号，充电时间取 6h，则太阳能组件的面积为 1.86m^2。依据稻谷收集机的形状特点，本设计采用太阳能组件面积为 1.24m^2（单个面积 0.62m^2，2 组），并且在作业过程中的 2～3h 内，太阳能又能补充 30%～50% 消耗的电能，能够使机具的作业时间延长 1.5h 左右。

6.3.3　机具性能试验

1. 试验条件

2019 年 7 月 20 日，在江西省南昌县对履带式太阳能稻谷收集机进行了性能检测试验。试验气温 30～33℃，平均风速

0.2m/s，试验晒场为混凝土路面。晒场谷带长 35m、宽 10m，晒场稻谷平均厚度分别为 30mm、40mm 和 50mm，机具工作时匀速前进。

2. 试验测定项目与方法

对履带式太阳能稻谷收集机性能进行检测试验，主要测定机具的收净率、破碎率和纯小时工作生产率 3 个性能指标，试验方法按照江西省地方标准 DB 36/T 821—2015《谷物收集机》和 GB/T 5262—2008《农业机械试验条件测定方法的一般规定》进行。

3. 试验结果及分析

该机具在不同试验条件下的主要性能指标如表 6‑5 所示。

表 6‑5 履带式太阳能稻谷收集机主要性能试验结果

序号	晒场稻谷厚度/mm	收净率/%	破碎率/%	纯小时工作生产率/（kg/h）
1	30	99.8	0.007	2 297.8
2	40	99.7	0.008	2 353.2
3	50	99.5	0.011	2 448.2
平均值	40	99.7	0.01	2 366.4
标准规定值	—	≥95	≤2.5	≥1 500

试验结果表明，在设定的试验条件下，履带式太阳能稻谷收集机的收集效果较好，晒场稻谷厚度的变化会影响履带式太阳能稻谷收集机的性能，稻谷收净率略有降低，稻谷破碎率随晒场稻谷厚度增加而稍有加大，纯小时工作生产率明显增加。在不同的

试验条件下，其收净率、破碎率、纯小时工作生产率平均值分别为99.7%、0.01%、2 366.4kg/h，主要性能指标均达到设计要求，作业质量符合DB 36/T 821—2015《谷物收集机》和GB/T 5262—2008《农业机械试验条件测定方法的一般规定》要求。

6.4　轻简型水稻秸秆集捆机

6.4.1　总体结构与工作原理

轻简型水稻秸秆集捆机的结构如图6-14所示，主要由皮带轮、集料室、进料机构、储绳机构、挡料机构、排料机构、打结器、穿绳机构、正时机构、机架等部件组成。

轻简型水稻秸秆集捆机安装于半喂入稻麦联合收割机尾部（图6-15）。其工作原理：皮带轮通过皮带联接半喂入联合收割机，为水稻秸秆集捆机提供动力；集料室位于半喂入收割机链齿后方，是水稻秸秆的收集装置，水稻收割脱粒后通过链齿传递到集料室；进入到集料室的秸秆被打捆绳及挡料机构挡住，以防止秸秆溜出集料室；进料机构采用曲柄摇杆机构模仿人工耙草原理将秸秆进行收集压缩；正时机构是控制调节秸秆扎捆周期，当压缩达到一定压力时，正时机构旋转通过传动轴带动打结器作业准确地进行扎捆，保证水稻秸秆扎捆的顺利进行；同时，传动轴带动排料机构旋转，挡料结构通过压缩弹簧将挡杆向后翘起，排料机构旋转带动排料手柄转动一周将扎好捆的秸秆抛出，完成一次水稻秸秆集捆周期。

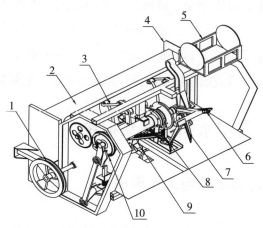

图 6-14 轻简型水稻秸秆集捆机的结构示意图

1. 皮带轮 2. 集料室 3. 进料机构 4. 机架 5. 储绳机构
6. 挡料机构 7. 排料机构 8. 打结器 9. 穿绳机构 10. 正时机构

图 6-15 轻简型水稻秸秆集捆机

　　轻简型水稻秸秆集捆机的扎捆位置可以调节。早、晚稻收割后的秸秆长度为 800～1 000mm，扎中间位置比较牢固；而一季稻秸秆比较长，可以扎中上位置，便于水稻秸秆通风干燥。轻简型水稻秸秆集捆机主要技术参数如表 6-6 所示。

表 6-6　轻简型水稻秸秆集捆机主要技术参数

项目	单位	规格
外形尺寸	mm	4 250×1 900×2 200
整机重量	kg	170
适配机型	/	半喂入式 488/588 等
额定转速	r/min	600
扎捆方式	/	全自动机械式
扎捆高度	mm	240～340
扎捆直径	mm	180～240
成捆率	%	≥95

6.4.2　关键部件设计

1. 进料机构

进料机构是水稻秸秆集捆机的核心部件，是保证秸秆顺利收集并压缩的前提。目前市场上大部分打捆机为捡拾打捆机，进料部分为捡拾机构和螺旋推送机构（郭博等，2018；罗强军等，2018）。根据南方丘陵山区水稻秸秆含水率高的特点，对其进行不粉碎收集，设计进料机构如图 6-16 所示，该机构与半喂入稻麦收割机配合，进料由链齿传送。该机构后挡板与前挡板组成进料口，以满足长秸秆横向进料要求，同时模仿人手动耙草原理，设计曲柄摇杆机构进行进料和压缩，主要由曲轴、拨草连杆和摇杆组成，各连接的部分均采用间隙配合，为减少配合时的磨损在轴上增加保护套。工作时，通过链轮带动曲轴逆时针转动，当水稻秸秆进入进料口时，由拨草连杆反复旋转不断耙草进料，被打捆绳及拉簧挡板挡住压缩秸秆，完成水稻秸秆集捆进料。

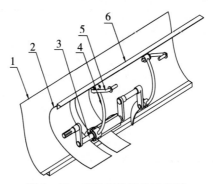

图 6-16　进料机构结构示意图
1. 后挡板　2. 前挡板　3. 曲轴　4. 拨草连杆　5. 摇杆　6. 横梁

2. 曲柄摇杆机构设计

曲柄摇杆机构是将半喂入收割机完成脱粒的水稻秸秆由链齿进入到进料口，然后将水稻秸秆由进料口拨动到挡料机构压缩集捆，完成水稻秸秆进料过程，如图 6-17 所示。为使进料压缩秸秆顺畅，不漏料，设计拨草连杆前段拨草部件为半圆弧形，防止秸秆滑落；根据水稻秸秆长度和进料稳定性要求，同时并排设计了三个拨草连杆，而早、晚稻区秸秆的长度为 800～1 000mm，进料抓取秸秆中间比较稳定，因而一个拨草连杆置于秸秆中间，另外两个左右分置，间隔 200mm，有利于水稻秸秆的收集压缩。根据《农业机械设计手册（上册）》（张孝安，2007）的曲柄摇杆机构各杆件长度要满足杆长条件的设计要求，该机构中设计曲轴的长度为95mm，拨草连杆长度为270mm，摇杆长度为145mm，机架两固定端的距离为280mm，工作时能够确定作业轨迹要求。

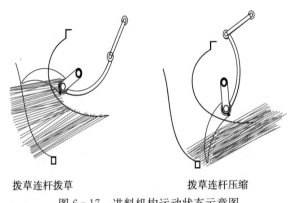

拨草连杆拨草　　　　　　　　拨草连杆压缩

图6-17　进料机构运动状态示意图

3. 曲柄摇杆机构运动轨迹的模拟仿真

一个理想的运动轨迹能够有效地提高拨草效率，防止秸秆在进入集料室后遗漏或堵塞（李建兵等，2016，张致源等，2014）。为获得该机构的理想运动轨迹，应用SolidWorks软件中Motion插件对其进行三维建模运动仿真分析（谢伟等，2019；潘世强等，2016a），其中曲柄与曲轴通过键链接，曲柄与拨草连杆通过销轴链接，拨草连杆与摇杆通过销轴链

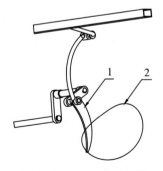

图6-18　拨草连杆末端
最佳运动轨迹

1. 拨草连杆　2. 最佳运动轨迹

接，摇杆与固定横梁通过销轴链接。通过在曲轴位置加入旋转马达带动曲柄摇杆机构运动，防止曲柄摇杆机构运动干涉，选取拔草连杆的末端运动轨迹进行分析，通过改变各杆件的长度，获得拔草连杆末端最佳的运动轨迹，如图 6-18 所示。

此时得到各项设计参数为曲柄长度 95mm，拔草连杆长度为 270mm，摇杆长度为 145mm，机架两端固定距离为280mm，各项尺寸设计合理。

4. 正时机构

正时机构的作用是控制好调节的周期，在水稻秸秆压缩完成时准确地进行扎捆，保证扎捆的顺利进行。根据水稻秸秆扎捆直径为 180～240mm，设计了正时机构如图 6-19 所示，工作时由皮带轮传递动力带动主动链轮逆时针转动，主动链轮通过链条传动带动链轮和正时链轮逆时针连续转动，其中链轮带动曲轴连续转动进行秸秆进料收集压缩过

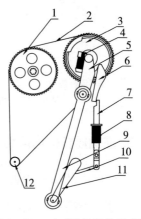

图 6-19　正时机构结构示意图
1. 链轮　2. 链条　3. 正时链轮
4. 压簧　5. 主动曲柄　6. 被挡杆
7. 阻挡杆　8. 弹簧　9. 连杆
10. 连接杆　11. 从动摇杆
12. 主动链轮

程，当压缩到一定压力时，水稻秸秆将推动调节挡杆顺时针转动，同时带动连接杆做下拉运动，使得弹簧压缩和阻挡杆向下运动，这时被挡杆可以顺利通过并由正时齿轮带着逆时针旋转，正时链轮突出部分与主动曲轴接触带动其转动，主动曲柄

相连的轴与打结器相连带动其打结作业完成秸秆扎捆过程。

为使链轮不停转动，从而带动曲柄摇杆机构不断进料压缩，设计被挡杆被阻挡杆挡住，压簧被压缩，正时链轮突出部分滑过主动曲柄顶块，此时正时链轮发生空转不带动主动曲柄转动，从而使打结器不进行作业，避免了当进料机构未收集到秸秆或者秸秆压缩不完全时打结器扎捆打结，防止打结器空转时的绳子堵塞。该机构的额定转速为 600r/min，为保证进料顺畅，设计曲柄摇杆机构曲轴转速为 120r/min，则主动链轮、链轮和正时链轮的传动比为 5∶1∶1。由主动曲柄、连杆、从动摇杆组成的曲柄摇杆机构中从动摇杆所能摆过的角度为 120°，从动摇杆与穿绳机构相连，穿绳机构由最低位置顺时针旋转 120°达到工作位置，此时打结器开始作业，对已经压缩的水稻秸秆进行压缩扎捆，此时完成一个工作周期。

5. 排料机构

排料机构的作用是将扎捆好的稻草推送出去（李耀明等，2016），为了能够将扎好捆的秸秆及时推送出去，不影响后期的秸秆收集，该机设计了排料机构如图 6 - 20 所示。设计飞轮盘与正时机构的主动曲柄同轴，飞轮盘与套筒连接，飞轮盘半径为 90mm，根据草捆大小，为便于将草捆顺利排出，设计

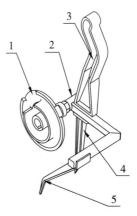

图 6 - 20　排料机构示意图
1. 飞轮盘　2. 套筒　3. 运动槽
4. 排草杆　5. 排草杆

套筒杆偏离飞轮盘中心，偏心距为 60mm，排草杆的长度为 230mm；套筒焊接在排草杆上，运动槽连接在机架横梁的销轴上，运动槽始终沿销轴上下运动。工作时，正时机构的主动曲柄转动带动飞轮盘转动，同时通过偏心套筒带动排草杆向前运动，排草杆插入扎捆好的稻草随飞轮盘回转推动草捆向后运动，将扎好捆的秸秆推出，完成水稻秸秆集捆机的排料过程。

6.4.3 机具性能试验

1. 试验设计

为检测轻简型水稻秸秆集捆机的作业性能，对其进行田间试验。依据企业标准 Q/NG 003—2018《水稻秸秆集捆机》和 NY/T 498—2013《水稻联合收割机作业质量》相关标准，于 2018 年 11 月 6 日在江西省抚州市临川区进行晚稻收获与秸秆打捆试验，试验田面积 $1.37hm^2$，地面平整，水稻秸秆含水率约 54%。试验时，分别选用低速挡、中速挡、高速挡 3 种挡位不同作业速度进行水稻收获与秸秆打捆试验，分别统计每个挡位下的打捆累计数、散捆累计数、草捆的直径、作业时间及作业面积，分别计算成捆率和生产率。

2. 试验结果与分析

试验时，分别选用低速挡 1.1m/s、中速挡 1.5m/s 和高速挡 2.0m/s 对晚稻进行收获与秸秆打捆作业，作业面积为

$0.07hm^2$，低速挡累计打捆 662 捆，累计散捆 28 捆，耗时 18.7min；中速挡累计打捆 591 捆，累计散捆 29 捆，耗时 15min；高速挡累计打捆 498 捆，累计散捆 32 捆，耗时 12.5min。在 3 种挡位情况下，每个挡位取 5 组，每组连续选取 10 个测量草捆直径，取最大直径 D_{max} 和最小直径 D_{min}，计算其差值，试验结果如表 6-7 所示。

表 6-7 水稻秸秆集捆机作业性能结果

项目	序号	最大 D_{max}/mm	最小值 D_{min}/mm	草捆规范体现值 C	平均值 $\overline{C}$
低速挡	1	198	186	12	
	2	208	188	20	
	3	198	188	10	14.4
	4	204	192	12	
	5	212	194	18	
中速挡	1	204	184	20	
	2	214	186	28	
	3	208	182	26	20.8
	4	210	194	16	
	5	202	188	14	
高速挡	1	220	182	38	
	2	198	184	14	
	3	208	182	26	26.8
	4	210	180	30	
	5	207	181	26	

注：$C=D_{max}-D_{min}$ 为草捆规范体现值，多次测量取平均值 $\overline{C}$，$\overline{C}$ 越小则水稻秸秆打捆的规范度越好。

由表 6-7 可知，水稻秸秆集捆机的作业速度越快，水稻秸秆打捆的规范度越差。机具以中速挡对晚稻收获与打捆作业，作业面积 $0.2hm^2$，耗时 56.2min，累计打捆 1 891 捆，累计散捆 80 捆。

$$Y = \frac{I_D}{I_D + I_S} \times 100\% \qquad (6-14)$$

式中：Y——成捆率/％；

    I_D——累计打捆数/捆；

    I_S——累计散捆数/捆；

    计算可得出成捆率为 95.9％。

$$P = \frac{S}{t} \qquad (6-15)$$

式中：P——机具生产率/（hm^2/h）；

    S——机具作业面积/hm^2；

    t——机具作业时间/h；

    计算可得出机具生产率为 $0.21hm^2$/h。

试验表明，该机作业性能稳定，成捆率达到 95.9％，便于秸秆晾晒收集；机具生产率为 $0.21hm^2$/h，满足南方丘陵双季稻区作业要求，能够有效解决南方水稻秸秆收集困难问题。

6.4.4　讨论与结论

根据南方丘陵双季稻区生产特点，设计了与半喂入稻麦收割机配合使用的水稻秸秆集捆机，集水稻收获和秸秆集捆为一体，采用扎垛式秸秆收集，有利于含水率较高的秸秆通风干燥，便于存储，满足了丘陵双季稻区对秸秆集捆收集的作业要求，初步解决了南方水稻秸秆收集难的问题，为后续水稻秸秆的综合利用提供了技术支撑。

对水稻秸秆集捆机进行田间试验，试验表明，该机在不同挡位条件下成捆率均达到要求，草捆规范程度受作业速度的影响，机具作业速度越快，草捆规范度程度越差。采用中速挡作业时，其生产率为 $0.21hm^2/h$，成捆率为 95.9%。该机结构简单，操作方便，工作性能稳定，各项技术指标均达到相关作业质量标准和农艺作业要求。

6.5　机械化收获技术

6.5.1　技术要求

具有适合机具行走和下田的机耕道。

收割前 $5\sim7d$ 断水晒田，以适合收获机具下田行走的要求。对于轮式联合收割机，泥脚深度不超过 $5cm$；对于履带式联合收割机，泥脚深度不超过 $10cm$ 为宜。抢晴天收获，及时晾晒或烘干，稻谷的水分含量在 $15\%\sim28\%$。

收获作业质量要求：联合收割的总损失率应小于 2.5%，破碎率小于 1.5%，含杂率小于 2.0%。

6.5.2 收获机械选择

平原低丘地区，田块面积大，可选用割幅在 1.8～2.2m 的全喂入式联合收割机作业（图 6-21），对于倒伏较严重的水稻，不宜用全喂入联合收割机进行收获，尽可能采用具有扶倒功能的半喂入式联合收割机作业。

图 6-21 全喂入式联合收割机

低中丘地区，可选用割幅在 1.5m 左右的半喂入联合收割机作业（图 6-22）和全喂入式联合收割机，工作效率高，损失率小。

面积较小、通过性较差的中、高丘地区，可选用割幅在 1.2m 以下小型联合收割机作业（图 6-23）。

图 6-22　半喂入式联合收割机

图 6-23　小型联合收割机

坡高、路窄的高丘、山地，可采用分段收获方式，即选用
小型割晒机（图 6-24）收割，移动式机动脱粒机脱粒。或使
用刈割机（图 6-25）收割，再使用简易轻便的动力（人力）
脱粒机脱粒。

在保证下茬作物的种植和生长的前提下，留茬高度在
20cm 以内为宜。秸秆还田，采用全喂入式联合收割机收获应

安装具有茎秆切碎功能装置，以便于稻草返田的翻耕，加快稻草腐烂；需秸秆收集，采用水稻收获机秸秆集捆一体机（图6-26），便于水稻秸秆收集，提高水稻秸秆的综合利用率。

图6-24　割晒机

图6-25　刈割机

图 6-26 水稻收获及秸秆集捆一体机

6.5.3 作业方法

水稻收获宜在蜡熟期进行。为提高作业效率，联合收割机作业一般是先收割四周 2～3 个工作幅宽，再根据田块形状和大小，采用套圈和分区套圈行走方法收割，以提高工效。

为减少作业损失，应在水稻冠层叶面无水珠、露珠后再收割，防止出现堵塞或谷草分离不彻底的问题。联合收割机过沟越埂，应特别注意安全。沟宽埂高，应填沟挖埂。全喂入式联合收割机作业时适宜顺时针作业，一般有两种作业路线，四边收割法和两边收割法。

四边收割法：对于长宽差不多的大田块，开出割道后，可采用四边收割法，当一行收割到头，采取开道的收割方法使收割机右转弯割掉横行的水稻，照此方式收割，直到一圈一圈将水稻收完。

　　两边收割法：对于长度较长而宽度不大的田块比较适用。先沿长度方向收割到头后，右转弯不割横行的水稻，绕到割区另一边进行收割。用这种方法不用倒车，收割时能发挥效率，但需在开割道时，将横割道开出约 5m 宽。收割时尽量走直线，防止压倒未割水稻，造成人为的损失，田边地角余下的一些水稻可以待大面积收割完后再收割或人工割下均匀薄薄地撒在未收割水稻上。

第 7 章

丘陵山区水稻机械化生产模式

　　水稻机械化生产是一种省工节本高效的稻作生产技术，是水稻生产集约化、规模化及产业化的重要途径（何金均等，2009）。我国丘陵山区特殊的地形地貌和生态气候环境，以及劳动力缺乏和老龄化，对水稻生产的全程机械化的需求更加迫切（叶春等，2016）。水稻机械化生产可显著提高丘陵山区水稻生产效益，解决用工贵、请工难、"谁来种田、怎样种田"等难题，有效促进农民增产增收，保障粮食安全（马凌君等，2023）。笔者以丘陵山区水稻丰产、优质、高效为目标，在查阅国内外文献资料的基础上，通过农机与农艺融合，对丘陵山区水稻全程机械化生产进行研究，集成构建了丘陵山区早稻、中稻和晚稻 3 个水稻机械化生产模式，对推进丘陵山区水稻机械化生产的规范化和标准化具有重要意义。

　　分别从品种选择、育秧、机插、施肥、灌溉、病虫草防治、农机具配置、适用农机具等方面简洁明了、图文并茂地规范了丘陵山区早稻、中稻和晚稻机械化生产模式，经在江西省吉安市泰和县、景德镇市浮梁县、赣州市崇义县、抚州市崇仁县等地应用示范表明，以该生产模式指导，筛选出来的品种具有生育期适中、分蘖力强、抽穗整齐、不易倒伏、适合机械化作业等优点；育出的秧苗具有株高适中、叶色青绿、茎秆粗壮、白根多、弹性大、抗逆性好等优点。水肥运筹、病虫草防治等农艺栽培技术实用可行，筛选改进研发的耕种收机具作业性能稳定，大田增产效果显著，有效解决了农艺技术适应农机作业要求，保证了水稻丰产增效提质要求，实现了农机农艺技术有效融合与技术有效集成，为推进丘陵山区水稻机械化生产提供了可行技术装备与生产模式。

7.1　丘陵山区早稻机械化生产模式

丘陵山区早稻机械化生产模式图（适用于长江以南）

月份	3月			4月			5月			6月			7月		
旬	上	中	下	上	中	下	上	中	下	上	中	下	上	中	下
节气	惊蛰		春分	清明		谷雨	立夏		小满	芒种		夏至	小暑		大暑
生育时期	播种期 3月15日至4月3日			秧田期（20~25d）		机插期（7~10d）	有效分蘖期			拔节孕穗期			抽穗期灌浆结实期	收获期	
农艺规范操作要点　品种选择	选用生育期105~110d，分蘖力强、抗寒、抗病等能力强，抽穗整齐、穗幅差小，生产潜力大的早稻品种。														
农艺规范操作要点　育秧	按秧田大田比1：（90~100）留足秧田，8寸育秧盘每亩27~30只，每亩秧田备足粉碎过筛的床土100kg，并配施0.33kg早稻育秧营养剂后备用，杂交稻播种量每盘干种80~90g；常规稻播种量每盘干种100~110g，详见备注①。														
农艺规范操作要点　机插	机插秧叶龄3.0~4.0叶；株高15~20cm，秧苗生长整齐，白根多、提起不散块，卷起不折断；行距8寸，每亩2.0万~2.2万穴，每穴3~4苗，每亩6万~8万基本苗，不漂不倒、越浅越好，漏穴控制5%以内，超过5%要进行补苗。机插行株距8寸×3.5寸，每亩1.8万~2.0万穴，详见备注②。														

（续）

农艺规范操作要点						
施肥	床土培肥：每100kg床土添加尿素220g、氯化钾220g和钙镁磷肥1 120g，搅匀后，堆沤10d以上	秧田追肥：2叶1心晴天开始揭膜炼苗，栽前3～4d施送嫁肥，按每盘秧盘2g尿素和1g氯化钾，对水200g浇淋施肥	本田基肥：中等肥力田块，耙田前每亩施尿素11kg、钙镁磷肥50kg作基肥	分蘖肥：移栽后5～7d可亩施尿素6kg＋氯化钾10kg，视苗情可分1～2次施用作分蘖肥	穗肥：插后30～35d视苗情可亩施尿素5kg＋氯化钾7kg作穗肥	说明：本田基肥在插秧前1～2d施用；分蘖肥在移栽后5～7d施用；穗肥在插秧后30～35d施用
灌溉	清沟排水，湿润出苗	床苗干湿交替、盘根，插前秧床保持干爽	干爽起秧，促进大田薄水机插	薄露返青、浅湿勤露，达到计划苗数70%～80%晒田，多次轻晒	复水长穗，同歇露田	干湿交替灌浆，以湿为主 收割前5d断水，抢晴机收

（续）

农艺规范操作要点						
病虫草防治	播种前：精选、晒种1~2d，以提高发芽率。将备好的种子用清水浸种36~48h	秧苗期：重点防治烂秧、立枯病。在立枯病发生初期，用70%敌克松乳油1 000倍液或25%甲霜灵可湿性粉剂700倍液喷施	移栽后7~10d：每亩可选用除草剂53%苯噻·丁可湿性粉剂35~50g或30%苄·丁可湿性粉剂45~60g与分蘖肥拌匀后撒施，并保持浅水层5d 5月中下旬：分蘖盛期防治二化螟。在二化螟卵孵化盛期至2龄幼虫期，每亩可用20%氯虫苯甲酰胺悬浮剂10mL，或10%稻腾悬浮剂30mL，对水35kg喷雾，并保持浅水层5d	5月下旬、6月上旬：分蘖末期至孕穗期重点防治纹枯病和稻纵卷叶螟。纹枯病：每亩可选用5%井冈霉素水剂150mL，或30%纹枯·戊唑醇可湿性粉剂50~75g对水50kg喷雾。稻纵卷叶螟：每亩可选用20%悬浮剂10mL，或240g/L氯氟虫际悬浮剂20mL，对水40kg喷雾。6月中旬：破口抽穗初期重点防治稻瘟病、纹枯病、二化螟。稻瘟病：每亩可选用75%三环唑可湿性粉剂20g，或40%稻瘟灵乳油70mL，对水40kg喷雾。纹枯病、二化螟：防治方法同左栏	6月下旬、7月上旬：穗期重点防治纹枯病、稻飞虱。纹枯病：同左栏纹枯病防治药剂。稻飞虱：每亩可选用10%吡虫啉可湿性粉剂20g，或50%吡蚜酮水分散粒剂12g，或25%扑虱灵可湿性粉剂30g，或10%烯啶虫胺水剂40mL，或20%异丙威乳油150mL对水50kg喷雾	说明：①具体防治时间按照当地植保部门的病虫防治情报确定。②农方需根据当地实际合理选择，并注意轮换使用。③用足水量，以提高防治效果

（续）

农机配置要求	耕整田动力机械：低、中丘主要机型有 180、250、254 等系列轮式拖拉机，12～15 马力手扶拖拉机；高丘、山地主要机型为手扶拖拉机、微耕机。耕整地配套农具：旋耕机、微耕犁、驱动耙、浦滚等。水稻播种设备：280、501 等型播种流水线、人力田间播种机	步进式 455、466 型插秧机，乘坐式 4 行插秧机，水稻直播机	用手动喷雾器、机动喷雾机药剂防治；也可安装太阳能杀虫灯（诱杀式 10～15W，能杀 10～15W。蓄电池≥12Ah 或触杀式功率 25W，蓄电池≥24Ah）	用手动喷雾器、机动喷雾机药剂防治	用手动喷雾器、机动喷雾机药剂防治	收获机械：中丘选择喂入量 0.8～1.5kg/s（割幅 1.2～1.8m）履带自走式联合收割机；高丘、低山地区选择喂入量 1.0kg/s 以下小型履带自走式联合收割机或割晒机
备注	①育秧方式：保温硬盘育秧，秧田作业程序如下：秧田选择→床土培肥→精作秧床→搭建大棚→顺铺秧盘→铺平底土→定量匀播芽种→盖土封膜→保温保湿→揭膜管理；每亩大田用种量杂交组合按 2～2.5kg 备种，折每盘用干种 90～100g（芽谷 100～125g）；常规稻品种按 2.5～3.5kg 备种，折每盘用干种 100～135g（芽谷 125～160g）。②机插秧叶龄散 3.5～4.0 叶，株高 15～18cm，秧苗生长整齐、白根多、提起不散块、卷起不折断；行株距 8 寸×3.5 寸，每亩 1.8 万～2.0 万穴，每穴 2～4 苗，每亩 6 万～8 万基本苗，不漂不倒、越浅越好，漏穴控制 5% 以内，超过 5% 要进行补苗					

7.2　丘陵山区中稻机械化生产模式

丘陵山区中稻机械化生产模式图（适用于长江以南）

月份	5月			6月			7月			8月			9月			10月		
旬	上	中	下	上	中	下	上	中	下	上	中	下	上	中	下	上	中	下
节气	立夏		小满	芒种	夏至		小暑		大暑	立秋		处暑	白露		秋分	寒露		霜降
生育时期	播种期 5月15~25日			秧田期(15~25d)	机插期(7~10d)		有效分蘖期			拔节孕穗期			抽穗期灌浆结实期			收获期		

农艺措施操作要点

品种选择：适用生育期130~150d，分蘖力强，抗病害能力强，抽穗整齐，穗偏差小，抗倒伏、生产潜力大的一季稻品种

育秧：育秧方式：淤泥硬盘育秧，按秧田大田比1：(90~100)留足秧田，稻播种量每盘用干种90~100g；常规稻播种量每盘用干种100~120g；杂交稻播种盘每亩用22~24只，育秧硬盘每亩用18~20盘，播种时用1kg营养剂拌淤泥60~70盘。杂交稻播种每盘用苗22~24只，详见备注①

机插：移栽叶龄3.5~4.2叶，株高18~22cm，秧苗生长整齐，秧苗生长整块，白根多，提起不散块，卷起不折断，每苗1.6万~1.8万穴，每穴3~4苗，每亩6万~7万基本苗，不漂不倒，越浅越好，漏次控制5%以内，超过5%要进行补苗。行距9寸，详见备注②

（续）

农艺农耕作业要点						
施肥	苗床培肥：播种前3～5d精整秧田，每亩施45%复合肥10～15kg培肥苗床，田面平整、沉实2～3d备用	秧田追肥：移栽前3～4d施送嫁肥，按每盘秧盘3g尿素和2g氯化钾，对水300g浇淋施肥	本田基肥：耙田前每亩施尿素17kg、钙镁磷肥85kg	分蘖肥：移栽后5～7d可亩施尿素8kg+氯化钾14kg作分蘖肥	促花肥：在倒3叶露尖期施，每亩施尿素6kg，氯化钾8kg	保花肥：在剑叶抽出一半施，每亩施尿素4kg+氯化钾5kg
	说明：本田基肥在插秧前1～2d施用；分蘖肥在移栽后5～7d施用；促花肥在8月上旬施用；保花肥在8月下旬施用。中等肥力田块，本田每亩施氮（N）16.1kg，磷（P_2O_5）10.2kg，钾（K_2O）16.2kg					
灌溉	畦沟有水、水不上畦	昼灌夜露、干湿交替	湿润起秧、薄水机插，插不过寸	寸水活棵、浅水促蘖，达到计划苗数80%时晒田，多次轻晒	复水养胎、浅水打苞	寸水抽穗扬花、干湿交替灌浆 收割前7d断水，抢晴机收

（续）

项目	内容
农艺操作要点	
病虫草防治	播种前：精选、晒种1～2d。以提高发芽率。将备好芽率的种子用清水浸种36～48h。 秧苗期：注意防治稻瘟病和稻蓟马。稻蓟马：苗用10%吡虫啉剂20g，或50%吡蚜酮水分散粒剂10g或30%苯·丁可湿性粉剂45g对水45kg喷雾。稻瘟病：苗用75%三环唑可湿性粉剂20g，或40%稻瘟灵乳油45mL对水45kg喷雾。 移栽后7～10d：用除草剂·苄嘧·苯噁草酮·苄可湿性粉剂35～50g或30%苄·丁可湿性粉剂45～60g与分蘖肥拌后撒施，并保持浅水层5d。 7月上中旬：二化螟：苗用20%氯虫苯甲酰胺悬浮剂10mL，或10%稻腾悬浮剂30mL对水35kg喷雾。稻纵卷叶螟：每苗可选用20%氯虫苯甲酰胺悬浮剂10mL，或240g/L氯虫苯甲酰胺悬浮剂20mL对水40kg喷雾。 7月下旬：分蘖末期至孕穗期重点防治稻飞虱、稻瘟病和稻纵卷叶螟。稻飞虱：苗用10%吡虫啉可湿性粉剂20g，或50%吡蚜酮水分散粒剂10g对水60kg喷雾。叶瘟病：每苗可选用稻瘟防治药剂。纹枯病：每苗可选用5%井冈霉素水剂150mL，或30%纹枯利可湿性粉剂50～75g对水50kg喷雾。 8月上中旬（孕穗期）：细菌性条斑病：每苗可选用50%敌枯唑可湿性粉剂50g，或20%噻枯唑可湿性粉剂50g对水45kg喷雾。叶稻瘟：同秧田期稻瘟病防治药剂。 8月下旬（孕穗期至破口抽穗期）：三化螟：同分蘖期二化螟防治药剂。稻纵卷叶螟：同分蘖期稻纵卷叶螟防治药剂。穗颈稻瘟：同秧田期稻瘟病防治药剂。二化螟：同分蘖期二化螟防治药剂。纹枯病：同分蘖期纹枯病防治药剂。 灌浆后期：稻飞虱：苗用10%吡虫啉可湿性粉剂20g，或50%吡蚜酮水分散粒剂10g对水60kg喷雾。 说明：①具体防治时间按照当地植保部门的病虫情报确定。②农药配方需根据当地实际使用选择，并注意轮换使用。③用足水量，以提高防治效果。

（续）

项目	内容				
农机配置要求	耕整田动力机械：低、中丘主要机型有180、250、254等系列轮式拖拉机，12～15马力手扶拖拉机；高丘、山地主要机型为手扶拖拉机、耕整机、微耕机。耕整地配套农具：旋耕机、铧式犁、驱动耙、蒲滚等。水稻播种设备：280、501等型播种流水线、人力田间播种机	步进式455、466型插秧机，乘坐式4行插秧机，水稻直播机	用手动喷雾器、机动喷雾机药剂防治；也可安装太阳能杀虫灯（诱杀式10～15W，蓄电池≥12Ah或触碰杀式功率25W、蓄电池≥24Ah）	用手动喷雾器、机动喷雾机药剂防治	收获机械：低、中丘选择喂入量0.8～1.5kg/s（割幅1.2～1.8m）履带自走式联合收割机；高丘、低山地区选择喂入量1.0kg/s以下小型履带自走式联合收割机或割晒机
	耕整田动力机械：低、250、中丘主要机型有180、250、254等系列轮式拖拉机，12～15马力手扶拖拉机；高丘、山地主要机型为手扶拖拉机、耕整机、微耕机。耕整地配套农具：旋耕机、铧式犁、驱动耙、蒲滚。水稻播种设备：280、501等型播种流水线、人力田间播种机				

备注：①育秧方式：淤泥硬盘育秧，按秧田大田比1：（90～100）留足秧田，每亩大田备足育秧硬盘24只，播种前用1kg营养剂拌淤泥60～70盘。秧田作业程序如下：秧田选择→苗床培肥→平整秧床→定量匀播芽种→秧苗管理。每亩大田用种量80～115g（芽谷100～140g），折每盘播干种2～3kg备种，折每盘种籽9寸×3.5寸，行株距9寸×3.5寸，每亩苗1.6万～1.8万

②移栽叶龄3.5～4.2叶，株高18～20cm，秧苗生长整齐、白根多、提起不散块、卷起不折断，越浅越好，漏栽控制5%以内，超过5%要进行补苗。每穴2～4苗，每亩6万～7万基本苗

7.3 丘陵山区晚稻机械化生产模式

丘陵山区晚稻机械化生产模式图（适用于长江以南）

月份	6月			7月			8月			9月			10月		
旬	上	中	下	上	中	下	上	中	下	上	中	下	上	中	下
节气	芒种		夏至	小暑		大暑	立秋		处暑	白露		秋分	寒露		霜降
生育时期	播种期 6月24~28日			秧田期（15~25d）		机插期（7~10d）	有效分蘖期			拔节孕穗期		抽穗期 灌浆结实期			收获期

农艺规范操作要点

品种选择：选用生育期108~115d、分蘖力强、抗病害能力强、穗幅差小、抗倒伏、抽穗整齐、生产潜力大的晚稻品种，早稻与晚稻品种的生育期加起来以不超过230d为宜

育秧：育秧方式：淤泥硬盘育秧，按秧田大田比1：（90~100）留足秧田。8寸育秧每盘用干种子80~90g；常规稻播种量每盘用干种子90~115g。详见备注①

机插：机插秧叶龄3.0~4.0叶，株高16~22cm，秧苗生长整齐，白根多，提起不散块，卷起不折断；行距8寸；每亩2.0万~2.2万穴，每穴3~4苗，每亩6万~8万基本苗，不漂浮、不倒，越浅越好，漏栽率控制在5%以内，超过5%要进行补苗。详见备注②

（续）

农艺规范操作要点							
施肥	床土培肥：播前3～5d精整秧田，苗床45%复合肥施10～15kg培肥苗床，田面平整、沉实2～3d备用。每100kg床土添加尿素220g、氯化钾220g和钙镁磷肥120g，搅匀后，堆沤10d以上	秧田追肥：移栽前3～4d施送嫁肥，按每盘秧盘2g尿素和1g氯化钾，对水200kg浇淋施肥	本田基肥：100%稻草还田，中等培肥力田块每亩大田施尿素12kg、钙镁磷肥70kg作基肥	分蘖肥：移栽后5～7d可亩施尿素7kg＋氯化钾8kg作分蘖肥	穗肥：在(倒)2叶抽出期（8月下旬）亩施尿素4.2kg＋氯化钾6kg作穗肥	说明：本田基肥在插秧前1～2d施用；分蘖肥在移栽后5～7d施用；穗肥在8月下旬施用。中等肥力田块，本田每亩施氮（N）12.05kg、磷（P_2O_5）8.4kg、钾（K_2O）12kg	
灌溉	畦沟有水，水不上畦，干湿交替不不灌	昼灌夜露、干湿交替不不灌	湿润起秧、寸水活棵，薄水机插，插不过寸	寸水活棵、浅水促分蘖，达到计划苗数80%时晒田，多次轻晒	复水养胎、浅水打苞	寸水抽穗扬花、干湿交替灌浆	收割前7d断水，抢晴机收

（续）

		病虫草防治					
农艺规范操作要点		播种前：精选、晒种1～2d，以提高发芽率。将备好芽率的种子用清水浸种36～48h	秧苗期：重点防治烂秧、立枯病。在立枯病发生初期，用70%敌克松乳油1000倍液或25%甲霜灵可湿性粉剂700倍液喷施	移栽后7～10d：每亩可选用除草剂53%苯噻•苄可湿性粉剂35～50g或30%苄•丁可湿性粉剂45～60g与分蘖肥拌匀后撒施，并保持浅水层5d	5月中下旬：分蘖盛期防治二化螟。在二化螟卵孵化盛期至2龄幼虫期，每亩可选用20%氯虫苯甲酰胺悬浮剂10mL，或10%稻腾悬浮剂30mL对水35kg喷雾，并保持浅水层5d	5月下旬、6月上旬：分蘖末期至孕穗期重点防治纹枯病和稻纵卷叶螟：纹枯病，每亩可选用5%井冈霉素水剂150mL，或30%纹枯利可湿性粉剂50～75g对水50kg喷雾。稻纵卷叶螟，每亩可选用20%悬浮剂10mL，或240g/L氯氟氰虫悬浮剂20mL对水40kg喷雾。6月中旬：破口抽穗初期重点防治稻瘟病、纹枯病、二化螟。稻瘟病，每亩可选用75%三环唑可湿性粉剂20g，或40%稻瘟灵乳油70mL对水40kg喷雾。纹枯病、二化螟防治方法同左栏	6月下旬、7月上旬：穗期重点防治纹枯病、稻飞虱。纹枯病防治同左栏药剂。稻飞虱，每亩可选用10%吡虫啉可湿性粉剂20g，或50%吡蚜酮水分散粒剂12g，或25%扑虱灵可湿性粉剂30g，或10%烯啶虫胺水剂40mL，或20%异丙威乳油150mL对水50kg喷雾	说明：①具体防治时间按照当地植保部门的病虫情报确定。②农药配方需根据当地实际合理选择，并注意轮换使用。③用足水量，以提高防治效果

（续）

项目	耕整地与播种	种植	病虫防治	病虫防治	病虫防治	收获
农机配置要求	耕整地动力机械：低、中丘主要机型有180、250、254等系列轮式拖拉机，12～15马力手扶拖拉机；高丘、山地主要机型为手扶拖拉机、微耕机；耕整地配套农具：旋耕机、铧式犁、驱动耙、蒲滚等；水稻播种设备：280、501等型号播种机，水稻播种流水线、人力田间同播机	步进式455、466型插秧机，乘坐式4行插秧机；水稻直播机	大阳能杀虫灯（诱杀式10～15W、蓄电池≥15W；蓄电池12Ah或接触杀式功率25W、蓄电池≥24Ah）	用手动喷雾器，机动喷雾机药剂防治	用手动喷雾器，机动喷雾机药剂防治	收获机械：低、中丘选择喂入量0.8～1.5kg/s（割幅1.2～1.8m）履带自走式联合收割机；高丘、低山地区选择喂入量1.0kg/s以下小型履带自走式联合收割机或割晒机
备注	①育秧方式：保温硬盘育秧、保温干播芽种、盖土封膜→保温保湿→揭膜管理；常规稻品种按2.5～3.5kg备种，折每盘用干种100～125g（芽谷100～125g）②机插秧叶龄3.5～4.0叶，株高15～18cm，秧苗生长整齐、白根多，每亩1.8万～2.0万穴，每穴2～4苗，每亩6万～8万基本苗，要进行补苗	秧田作业程序如下：秧田选择→床土培肥→精作秧床→搭建大棚→顺铺秧盘→铺平底土→定量匀播芽种→盖土播种→保温保湿管理；每亩大田用种量杂交组合按2～2.5kg备种，折每盘用干种90～100g，秧苗用干种100～135g（芽谷125～160g）；机插秧叶龄3.5～4.0寸，每穴2～4苗，行株距8寸×3.5寸，秧苗生长整齐、提起不散、卷起不折断、撤浅撤好，漏次控制5%以内，超过5%				

第 8 章

丘陵山区水稻机械化生产技术展望

　　农业机械化是建设农业强国的根本出路，是体现农业现代化的重要内容和标志（卢景斌，2023；王晓文，2022）。随着我国南方丘陵山区社会经济的快速发展和水稻生产劳动力的逐年减少，水稻生产的成本逐年提高，传统依靠人力畜力的生产方式已经不能满足现代稻作生产的需求。广大农村和农民迫切需要省工省力、节本高效的以机械化和智能化作业为核心的现代稻作技术来解放生产力，提高水稻生产效率及综合效益，水稻全程机械化和智能化生产将成为现代稻作发展的必然趋势（白寅，2022；张玲，2021）。水稻机械化生产在不同区域和不同环节上依然存在发展不平衡不充分的问题，还有许多制约因素需要进一步加以攻克。丘陵山区水稻机械化生产的未来之路需要做到：加强小型智能农机装备技术研发，加大农田宜机化改造，促进农机农艺信息技术融合，强化农机化技术人才培养，完善社会化服务组织建设，进而加快推进丘陵山区水稻机械化生产全程全面和高质高效发展。

8.1 加强小型智能农机装备技术研发

智能农机装备作为传统农机装备的智能化升级，是智慧农业的重要组成部分和重要物质基础，智能控制是农机装备实现智能化的关键核心技术（欧阳安等，2022；刘成良等，2020）。研发适用于丘陵山区水稻生产的小型智能农机装备，着力提升小型农机装备科技水平与农机装备制造业自主研发创新能力，实现水稻生产农机装备向智能化方向转变（汪懋华，2015）。为此，需要加大重点关键技术攻关支持力度，建立科企联合创新模式，共同开展项目技术攻关，着力突破动力换挡与无级变速传动、农业传感器与专用芯片、精密排种、高效脱粒与清选、精准作业等智能农机关键核心技术，实现农机装备现场控制智能化、云端决策智慧化和监控调度移动终端化，有效降低丘陵山区水稻机械化生产劳动强度，提高水稻生产机械化和智能化水平及综合效益，促进丘陵山区水稻生产方式的转变（欧阳安等，2022；王晓文等，2022）。

8.2 加大农田宜机化改造

农田宜机化改造是提高丘陵山区水稻机械化生产水平的重要措施。日本和韩国丘陵山地分别占国土面积的 80％和 67％，两国进行农田宜机化改造后水稻生产效率分别提升了 5.7％和 5％，生产成本分别降低了 19.9％和 16.2％，劳动力成本分别节省了 31.8％ 和 33.4％（韩忠禄等，2021；张宗毅等，2019）。2022 年开始，我国农业农村部把加强耕地整备建设和宜机化改造作为农业机械化的重要内容（郭宇，2022）。为此，需要依据不同丘陵山区栽培模式、地形地貌、气象和水土环境等情况，结合不同地区种植结构和特点，以有效提高各生产环节的机械化率为目标，制定并提出适宜当地的平整地、缓坡和梯田等宜机化改造方案和技术标准。按照"先易后难、集中连片、逐年推进"原则，做好农田宜机化中长期规划，优先安排水源丰富、土壤肥沃、地势较平坦的优势区域，通过整理地块、优化布局、完善道路、改良土壤等措施，逐片、逐年完善改造建设工作，实现坡度由陡变缓、田块由小变大、道路由曲变直，扩大经营种植规模，提高农业生产效率，并进行农田宜机化改造模式的推广和示范（王晓文等，2022；晓雨，2019）。

8.3 促进农机农艺信息技术融合

水稻机械化生产具有省工节本、作业效率高等优势，但因农户机具选型配备不当、育秧技术掌握不好等问题，易导致耕作层泥脚深、犁底层破坏、秧苗素质和机插质量差等问题。因此，在水稻机械化生产中，加强农机农艺信息技术融合至关重要。基于丘陵山区不同的环境条件和种植特点，在早晚稻品种搭配、行距株距确定、田间栽培管理等环节，充分考虑机械化作业需求，形成农机农艺融合的丰产高效生产模式，促进丘陵山区水稻全程机械化生产。探索丘陵山区智慧农场示范区建设，融合大数据、云计算、物联网、人工智能等信息领域的前沿技术，集成构建基于农田信息—农艺处方—农机作业融合的智能化决策技术体系，实现丘陵山区水稻生产实时监测、精确诊断、智能控制、变量投入、智慧服务，进而提高丘陵山区水稻生产管理效能、优化资源配置、降低生产成本、改善产量品质，形成可复制、可推广的智能化生产模式，为丘陵山区智慧农业建设提供有力的技术支撑（王晓文等，2022）。

8.4　强化农机化技术人才培养

农机化技术人才是发展丘陵山区水稻机械化生产的第一要素。助力我国农机装备产业高质量发展，破解丘陵山区水稻机械化率低的发展瓶颈，强化农机化技术人才培养是关键。为此，需要强化政策引导，增加丘陵山区农机研发经费投入，集聚农机高水平研发团队，突破丘陵山区农机化发展难题，建立农机化技术人才培养机制，不断提高农机化技术人才专业知识和操作技能，提高农机化技术人才培养质量（王晓文等，2022）。充分利用现有农机系统培训资源，积极开展培训，利用多种方式，分批分期对基层农机技术人员、农机合作社负责人、种粮大户、农机手等人员进行相应的职业技能培训，充分发挥农机使用一线"土专家"作用，重点围绕关键机械化技术开展田间操作实训，提高农机手作业服务能力，努力打造一支符合实际发展需求的高素质丘陵山区农机化技术人才队伍（张桃林，2022b；马占莲，2023）。

8.5　完善社会化服务组织建设

生产经营主体和农机作业服务主体的培育是促进丘陵山区农机装备和水稻产业协同发展的关键。支持各类农机专业化服务组织的发展，创新服务模式，不断提高农机社会化服务体系建设水平。强化政策引导，完善农机补贴机制，扩大各类优质农机宣传力度，鼓励农户提高农业机械使用率（王晓文，2022）。加大政策、项目扶持和资金投入力度。推动农机社会化服务提质增效。因地制宜推进农机不同规模的区域性服务中心建设，推广以"全程机械化"为内容的多样化服务模式，加强应急防灾减灾专用农机装备储备，提升农机抢种抢收抢烘及排涝抗旱应急服务能力，广泛开展水稻生产托管和快速精准抗灾救灾服务（张桃林，2022b）。推动搭建农机作业监测服务平台，以物联网、大数据技术为支撑，强化作业组织调度，探索实时生产监测，并依托大数据支持，创新农机保险模式，完善农机维修服务体系，为打造现代化的农机服务组织提供便捷高效的服务。积极发展"新型农业经营主体＋全程机械化＋综合农事服务中心""新型农业经营主体＋适度规模＋全程机械化""新型农业经营主体＋规模化＋特色优势产业＋全程机械化"等机械化生产、社会化服务多样化模式，引领丘陵山区农业机械化发展。大力推动良种良法良田良机良制相配套，加快提升丘陵山区农业机械化技术推广服务能力（杨杰，2022）。

REFERENCES
参考文献

白寅，2022. 水稻生产全程机械化模式探讨. 现代农业装备，43
　（1）：81-84.

曹晓林，药林桃，董力洪，2015. 基于新型耕作农机具推广的水田
　保护性耕作技术研究. 南方农机，46（4）：6-7.

产立，2018. 试论新型耕作农机具推广下的水田保护性耕作技术.
　南方农机，49（13）：72＋88.

陈超，2016. 巫溪县农机人才队伍问题及其对策建议. 南方农机，10
　（1）：39-40.

陈川，张山泉，庄春，等，2003. 水稻机插旱育秧与水育秧幼苗素
　质的比较研究. 江苏农业科学，31（6）：27-29.

陈德超，2016. 水稻种植机械化发展现状及制约因素浅析. 农技服
　务，33（16）：181.

陈立才，李艳大，秦战强，等，2020. 侧深施用控释肥对机插中稻
　生长、产量及氮肥农学效率的影响. 安徽农业大学学报，47（5）：
　839-844.

陈立才，欧阳淑珍，黄俊宝，等，2022. 肥料类型对机插中稻群体
　质量及氮肥农学利用率的影响. 东北农业科学，47（3）：15-20.

陈立才，张文毅，李艳大，等，2018. 杂交晚稻可降解秧盘的适宜播种量研究. 中国农学通报，34（21）：9-13.

董力洪，药林桃，曹晓林，等，2015. 南方双季稻区水田机械化保护性耕作试验. 广东农业科学，42（24）：17-21.

郭博，贺敬良，王德成，等，2018. 秸秆打捆机研究现状及发展趋势. 农机化研究，40（1）：264-268.

郭宇，2022. 深挖农业增产潜力　农机装备力补短板. 中国工业报，1-20.

韩冲冲，李飞，李保同，等，2019. 无人机喷施雾滴在水稻群体内的沉积分布及防效研究. 江西农业大学学报，41（1）：58-67.

韩东来，2008. 水稻应用不同壮秧剂效果分析. 北方水稻（4）：36-38.

韩忠禄，费孟，潘东彪，2021. 贵州丘陵山区土地宜机化改造探索. 贵州农机化（4）：4-7.

何金均，王立臣，宋建农，等，2009. 水稻种植机械化发展现状及制约因素分析. 农机化研究，31（2）：1-4.

贺捷，舒时富，廖禹，等，2014. 南方丘陵山区水稻生产机械化发展现状与对策. 安徽农业科学，42（28）：9995-9997+10006.

胡雅杰，邢志鹏，龚金龙，等，2013. 适宜机插株行距提高不同穗型粳稻产量. 农业工程学报，29（14）：33-44.

怀燕，陈照明，张耿苗，等，2020. 水稻侧深施肥技术的氮肥减施效应. 浙江大学学报（农业与生命科学版），46（2）：217-224.

黄大山，2008. 播期、播量和移栽密度对宁粳1号机插稻产量形成及氮素吸收利用的影响. 扬州：扬州大学.

贾文波，2020. 关于水田保护性耕作技术模式探讨. 农机使用与维修（2）：35.

晋农，2022. 加快推进农业机械化向高质量发展迈进——农业农村部农业机械化管理司负责人就《"十四五"全国农业机械化发展规划》答记者问. 当代农机（1）：7-9.

李宝筏，2003. 农业机械学. 北京：中国农业出版社.

李建兵，刘新柱，张琪昊，等，2016. 稻麦秸秆打捆机捡拾机构设计与仿真研究. 佳木斯大学学报（自然科学版），34（4）：539-541.

李斯华，2011. 我国水稻生产机械化的发展态势和目标任务. 北方水稻，41（2）：1-2.

李小阳，孙松林，2018. 南方水稻生产机械化发展影响因子新体系的研究. 中国农机化学报，39（1）：103-106.

李艳大，舒时富，陈立才，等，2014a. 长江流域双季稻种植机械化现状分析. 中国农机化学报，35（6）：311-314.

李艳大，舒时富，陈立才，等，2014b. 8寸插秧机在双季稻区的应用及配套农艺技术研究. 农学学报，4（5）：60-66.

李艳大，舒时富，陈立才，等，2015. 南方丘陵山区水稻机械化育插秧探析. 农学学报，5（1）：91-94.

李艳大，叶春，曹中盛，等，2021. 无人机与人工喷施雾滴在水稻冠层内沉积特征及效益比较. 中国水稻科学，35（5）：513-518.

李艳大，叶厚专，沈显华，等，2011. 丘陵早稻机械化种植品种筛选研究. 中国农机化，28（6）：61-65.

李耀明，成铖，徐立章，2016. 4L-4.0型稻麦联合收获打捆复式作业机设计与试验.农业工程学报，32（23）：29-35.

李远明，2011.对巫溪县农业机械化发展的思考.吉林农业（6）：188.

李忠辉，胡培成，黄晚华，2010.江西省中稻动态气候生产潜力研究.安徽农业科学，38（12）：6388-6390.

凌祯蔚，2017.全球数字贸易的发展趋势、面临问题及应对策略.现代商业，12（18）：53-54.

刘成良，林洪振，李彦明，等，2020.农业装备智能控制技术研究现状与发展趋势分析.农业机械学报，51（1）：1-18.

刘建辉，熊昌国，2010."民工荒"呼唤丘陵山区农机化发展加速.中国农机化，27（6）：17-20+9.

刘木华，胡淑芬，肖丽萍，2015.南方双季稻区农业机械化发展现状及对策.南方农机，46（10）：5-6+18.

刘铁栋，2019.水田机械化保护性耕作技术应用.农机使用与维修，5：81.

卢景斌，2023.加快提升农机试验鉴定能力的调查与思考.农机质量与监督（3）：19-21.

鲁立明，陈少杰，蒋琪，2018.侧深施肥技术对机插早稻产量的影响.中国稻米，24（6）：93-94+99.

路昌，张傲，2020.东北地区土地利用转型及其生态环境效应.中国农业大学学报，25（4）：123-133.

罗强军，陈永生，韩柏和，等，2018.自走式打捆机的国内外研究进展.中国农机化学报，39（12）：18-24.

吕伟生，曾勇军，石庆华，等，2019.双季机插稻不同产量水平群体的产量构成特征研究. 核农学报, 33 (10): 2048-2057.

马凌君, 邵兴永, 2023. 水稻全程机械化生产技术模式的创新探讨. 农业开发与装备, 29 (4): 40-41.

马越会, 2021. 水田机械化保护性耕作技术模式. 农业开发与装备, 27 (2): 197-198.

马占莲, 2023. 加强基层农机推广体系建设促进农业机械化全面发展. 当代农机, 3: 38-39.

马振国, 潘九明, 2012. 水稻插秧机行距问题探索. 江苏农机化 (3): 49.

欧阳安, 崔涛, 林立, 2022. 智能农机装备产业现状及发展建议. 科技导报, 40 (11): 55-66.

潘世强, 操子夫, 赵婉宁, 等, 2016. 基于 Solidworks 玉米秸秆打捆机的设计. 中国农机化学报, 37 (6): 31-34.

邵文娟, 沈建辉, 张祖建, 等, 2004. 水稻机插双膜育秧床土培肥对秧苗素质和秧龄弹性的影响. 扬州大学学报, 25 (2): 22-26.

沈才标, 王驾清, 孙祖高, 等, 2012. 水稻窄行插秧机的引进示范. 上海农业科技 (2): 51+53.

孙锡发, 涂仕华, 秦鱼生, 等, 2009. 控释尿素对水稻产量和肥料利用率的影响研究. 西南农业学报, 22 (4): 984-989.

汪懋华, 2015. 加快推进南方与丘陵山区农业机械化发展的思考. 南方农机, 46 (8): 3-7.

王桂君, 王磊, 律其鑫, 2017. 生物炭对退化和污染土壤的修复作用研究进展. 长春师范大学学报, 36 (12): 83-85.

王家胜, 王东伟, 尚书旗, 等, 2016. 4LZZ-1.0 型小区稻麦联合收割机的研制及试验. 农业工程学报，32（18）：19-25.

王金峰，陈博闻，姜岩，等，2020. 水稻秸秆全量深埋还田机设计与试验. 农业机械学报，51（1）：84-93.

王金武，唐汉，王金峰，2017. 东北地区作物秸秆资源综合利用现状与发展分析. 农业机械学报，48（5）：1-21.

王康军，申琪凤，李艳大，等，2013. 机插水稻工厂化育秧营养基质的应用效果研究. 农机化研究，35（7）：191-197.

王文丽，姜彩霞，王一斐，等，2019. 缓释肥减量施用对春优927产量及经济效益的影响. 中国稻米，25（1）：97-99.

王晓文，袁寿其，贾卫东，2022. 丘陵山区农业机械化现状与发展. 排灌机械工程学报，40（5）：535-540.

王忠群，梁建，曹光乔，等，2011. 科学适度发展南方丘陵山地农机化. 中国农机化，32（2）：3-8.

翁晓星，徐锦大，王刚，等，2022. 浙江省丘陵山区水稻机械化发展现状及建议. 农业工程，12（7）：5-9.

吴成勇，2016. 我国水稻种植机械化的发展前景与对策. 北京农业（1）：134-135.

向光才，2015. 山区水稻机插秧技术推广的制约因素及对策. 南方农业，9（22）：58-60.

肖丽萍，何秀文，刘木华，等，2013. 我国南方双季稻区水稻生产机械化发展现状分析. 江西农业大学学报，35（4）：682-686.

晓雨，2019. 厦门：强化监理等公共服务功能建设. 中国农机监理，18（11）：27-28.

谢伟，李旭，方志超，等，2019. 水稻秸秆收集与连续打捆复式作业机设计.农业工程学报，35（11）：19-25.

邢晓鸣，李小春，丁艳锋，等，2015.缓控释肥组配对机插常规粳稻群体物质生产和产量的影响.中国农业科学，48（24）：4892-4902.

邢志鹏，曹伟伟，钱海军，等，2015.播期对机插水稻产量构成特征的影响.农业工程学报，31（13）：22-31.

徐丽君，杨敏丽，黄玉祥，2012.南方双季稻区水稻机械化生产燃油消耗影响因素分析.农业工程学报，28（23）：33-39.

徐媛，黄杨生，伍文锋，等，2016.赣南丘陵山区水稻收割机械的发展现状及对策.南方农机，47（4）：16-17+28.

许阳东，朱宽宇，章星传，等，2019.绿色超级稻品种的农艺与生理性状分析.作物学报，45（1）：70-80.

许予永，2021.我国农业机械行业发展综述.农业工程，11（11）：23-25.

薛新宇，兰玉彬，2013.美国农业航空技术现状和发展趋势分析.农业机械学报，44（5）：194-201.

闫川，丁艳锋，王强盛，等，2008.穗肥施量对水稻植株形态、群体生态及穗叶温度的影响.作物学报，34（12）：2176-2183.

严仙田，吴飞，刘英，等，2001.水稻应用壮秧剂技术初探.内蒙古农业科技，29（S2）：58-59.

杨成林，王丽妍，2018.不同侧深施肥方式对寒地水稻生长、产量及肥料利用率的影响.中国稻米，24（2）：96-99.

杨桂荣，王玉鑫，2018.水田机械化保护性耕作技术模式.现代化农业（9）：67-68.

杨建昌，杜永，吴长付，等，2006a. 超高产粳型水稻生长发育特性的研究. 中国农业科学，39（7）：1336-1345.

杨建昌，王朋，刘立军，等，2006b. 中籼水稻品种产量与株型演进特征研究. 作物学报，32（7）：949-955.

杨杰，李学依，2022.《"十四五"全国农业机械化发展规划》解读. 中国农机监理，21（1）：9-13.

杨乾，2012. 实施水稻生产机械化必须与农艺相结合. 广西农业机械化（1）：11-12.

杨艳平，2014. 粮食安全视角下的"谁来种田"问题. 大理学院学报，13（5）：26-29.

叶春，李艳大，曹中盛，等，2020. 不同育秧盘对机插双季稻株型与产量的影响. 中国水稻科学，34（5）：435-442.

叶春，李艳大，舒时富，等，2016. 江西丘陵山区水稻机械化生产综合效益分析. 农机化研究，38（1）：264-268.

叶厚专，李艳大，沈显华，等，2012. 不同机插行距对水稻产量的影响. 中国农机化，29（4）：59-62.

叶正龙，2005. 壮秧剂在单季稻育秧上应用效果小结. 内蒙古农业科技，33（S2）：236-237+252.

易兵，王林松，2017. 探索机制创新推进丘陵山区农机化. 农机科技推广，17（4）：21-23.

易中懿，曹光乔，张宗毅，2009. 南方丘陵山区农机化发展研究. 农机科技推广，9（7）：13-15.

易中懿，曹光乔，张宗毅，2010. 我国南方丘陵山区农业机械化宏观影响因素分析. 农机化研究，32（8）：229-233.

张东彦，兰玉彬，陈立平，等，2014. 中国农业航空施药技术研究进展与展望. 农业机械学报，45（10）：53-59.

张汉夫，2009. 我国水稻育插秧机械化进入快速发展阶段. 中国农机化，30（2）：12-15.

张玲，2021. 将乐县水稻机械穴直播技术的推广应用效果. 福建稻麦科技，39（1）：14-16.

张强，2013. 粮食干燥机械亟待开发. 高端农业装备（2）：31-32.

张桃林，2022a. 紧贴实际需求加快推进适用型农机化. 农机市场，27（4）：4-6.

张桃林，2022b. 在全国农业机械化工作会议上的讲话. 农机科技推广，22（4）：4-9.

张文毅，袁钊和，吴崇友，等，2011. 水稻种植机械化进程分析研究—水稻种植机械化由快速向高速发展的进程. 中国农机化，31（1）：19-22.

张孝安，2007. 农业机械设计手册（上册）. 北京：中国农业科学技术出版社.

张延化，胡志超，王冰，等，2012. 南方丘陵山区水稻机械化收获探析. 农机化研究，34（3）：246-248.

张园，张传胜，白蒙亮，等，2022. 推进农机试验鉴定与技术推广协同发展的思考. 中国农机化学报，43（12）：197-205.

张致源，刘新柱，刘文博，等，2014. 稻麦秸秆打捆机压缩机构设计及力学分析. 佳木斯大学学报（自然科学版），32（4）：570-571+574.

张宗毅，李庆东，2019. 日韩丘陵山区农业机械化发展的经验. 农机科技推广，19（8）：8‑11.

赵立军，颜珊珊，王宇杰，等，2019. 侧深施肥插秧机施肥量对水稻栽培的影响. 农机化研究，41（10）：192‑197.

中国农业年鉴编辑委员会，2021. 中国农业年鉴2020. 北京：中国农业出版社.

朱德峰，陈惠哲，2009. 水稻机插秧发展与粮食安全. 中国稻米（6）：4‑7.

Chen J，Zheng MJ，Pang DW，et al，2017. Straw return and appropriate tillage method improve grain yield and nitrogen efficiency of winter wheat. Journal of Integrative Agriculture，16（8）：1708‑1719.

Kassam A，Friedrich T，Derpsch R，et al，2015. Overview of the worldwide spread of conservation agriculture. Field Actions Science Reports，8：1‑11.

Liu TQ，Fan DJ，Zhang XX，et al，2015. Deep placement of nitrogen fertilizers reduces ammonia volatilization and increases nitrogen utilization efficiency in no‑tillage paddy fields in central China. Field Crops Research，184：80‑90.

Liu X，Feng Z，Hu G，et al，2019. Dynamic contribution of microbial residues to soil organic matter accumulation influenced by maize straw mulching. Geoderma，333（1）：35‑42.

Peng SB，Khush GS，Virk P，et al，2008. Progress in ideotype breeding to increase rice yield potential. Field Crops Research，108（1）：32‑38.

Zhang M，Yao YL，Zhao M，et al，2017. Integration of urea deep placement and organic addition for improving yield and soil properties and decreasing N loss in paddy field. Agriculture Ecosystems & Environment，247：236 - 245.

图书在版编目（CIP）数据

丘陵山区水稻机械化生产技术 / 李艳大等著. —北京：中国农业出版社，2024.7
ISBN 978-7-109-31763-5

Ⅰ.①丘⋯ Ⅱ.①李⋯ Ⅲ.①山区－水稻栽培－机械化栽培 Ⅳ.①S511.048

中国国家版本馆 CIP 数据核字（2024）第 048025 号

丘陵山区水稻机械化生产技术
QIULING SHANQU SHUIDAO JIXIEHUA SHENGCHAN JISHU

中国农业出版社出版
地址：北京市朝阳区麦子店街 18 号楼
邮编：100125
责任编辑：郭银巧
版式设计：王　晨　　责任校对：吴丽婷
印刷：中农印务有限公司
版次：2024 年 7 月第 1 版
印次：2024 年 7 月北京第 1 次印刷
发行：新华书店北京发行所
开本：880mm×1230mm　1/32
印张：7　　插页：2
字数：200 千字
定价：48.00 元

机　　耕

育　秧

机　　插

机　　收